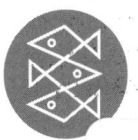

Es gibt so gut wie kein Produkt, das in China nicht kopiert wird. Als typisch gilt das Beispiel eines hannoverschen Mittelständlers, der sich in Peking auf ein Joint Venture zur Produktion von Spezialverschlüssen für Ölleitungen einließ. Am Ende einer Kette von Irritationen und Betrügereien stahlen ihm seine chinesischen Partner den Panzerschrank mit den Blaupausen seiner vielversprechenden Patente und setzten die genialen Ideen in ihrer eigenen Fabrik um. Ist das kriminell? Nach der konfuzianischen Lehre, dem kulturellen Fundament Chinas, ist es keineswegs verwerflich, sich des geistigen Eigentums von Fremden zu bemächtigen. Schließlich dient ein solcher Diebstahl der Gesellschaft – der chinesischen. Insgesamt gehen der innovativen deutschen Wirtschaft durch diese Piraterie jedes Jahr etwa 30 Milliarden Euro verloren. Lebensgefährlich wird es, wenn die Chinesen den Weltmarkt mit minderwertigen oder schadstoffhaltigen Kopien von Arzneimitteln, Kinderspielzeug oder Bremsbelägen überschwemmen.

Der langjährige China-Korrespondent des ARD-Fernsehens *Jürgen Bertram* hält regelmäßig Vorträge bei Industrie- und Handelskammern, Sparkassen, deutsch-chinesischen Vereinigungen, Industriefirmen oder Handelsförderungs-Organisationen. Während er mit seinen kritischen Beiträgen über die Möglichkeiten des chinesischen Marktes anfangs auf Skepsis oder Ablehnung stieß, dominiert mittlerweile die Zustimmung. Zu schwer wiegen die Verluste, die deutsche Unternehmen in China haben hinnehmen müssen.

Von Jürgen Bertram ist im Fischer Taschenbuch Verlag erschienen: ›Mattscheibe. Das Ende der Fernsehkultur‹ (2006, Band 16393), ›Wer baut, der bleibt. Neues jüdisches Leben in Deutschland‹ (2008, Band 17540)

Unsere Adresse im Internet: www.fischerverlage.de

Jürgen Bertram

DIE CHINA-FALLE

Abgezockt im Reich der Mitte

**Fischer
Taschenbuch
Verlag**

Originalausgabe
Veröffentlicht im Fischer Taschenbuch Verlag,
einem Unternehmen der S. Fischer Verlag GmbH,
Frankfurt am Main Oktober 2009

© S. Fischer Verlag GmbH, Frankfurt am Main 2009
Satz: Pinkuin Satz und Datentechnik, Berlin
Druck und Bindung: CPI – Clausen & Bosse, Leck
Printed in Germany
ISBN 978-3-596-18314-2

Inhalt

Vorwort 7

I. TRAUM UND TRAUMA

1. »Der hat alles ausgeplündert, was auszuplündern war«
Ein Ingenieur und seine falschen Freunde 11
2. »Das Lebenswerk meiner Eltern wurde zerstört«
Alice Maria im Wunderland 23
3. »Wir müssen aufhören, mit Wattebällchen zu werfen«
Die Palette der Produktpiraten 30

II. GRÖSSE UND GRÖSSENWAHN

4. »Sie müssen im Frack kommen und in Unterhosen gehen«
China, China über alles 45
5. »Der größte Tafelsilber-Transfer aller Zeiten«
Das teure Billett zum Boom 65
6. »Wir wollen die ganze Welt erobern«
Vom Patriotismus zum Nationalismus 77
7. »Die sind grässlich, das sind Schläger!«
Testfall Olympia 85

III. LIST UND LÜGE

8. »Du musst heiß sein wie eine Kampfgrille«
Wie man den Tiger vom Berg lockt 95
9. »Ich glaube, da war Sadismus im Spiel«
Immanuel Kant und das Bayern-München-Prinzip 113
10. »Endlich mal eine Dusche, die funktioniert«
Erdenglück statt Himmelreich 129
11. »Oh sorry, English we not speak«
Konzerne als Konkubinen 138

IV. PARTEI UND PROFIT

12. »Dann kann die Obrigkeit ziemlich eklig werden«
Die Allmacht der Kader 147
13. »Lache nicht laut, wenn du dich freust«
Die Rituale der Herrschaft 154
14. »Übelster Sozialismus trifft auf übelsten Kapitalismus«
Die Armee und die Armut 162
15. »Schau, so ein Affe bin ich«
Der Pakt mit den neuen Reichen 175

V. WERTE UND WÜRDE

16. »Er kaufte ein T-Shirt und landete beim Hautarzt«
Im Plagiats-Museum von Solingen 187
17. »Dompteure, die einen wilden Tiger reiten müssen«
Die Grenzen des Geistes 194
18. »Taktik: ja – Verrat: nein«
Die Grenzen der Anpassung 202
19. »Geschäft ist Geschäft«
China als Investor 214
20. »Lieber Geld verlieren als Vertrauen«
Markt und Moral 222

Anmerkungen 234

Vorwort

»Wir haben Wettbewerber wie China,
die sich an keine Regel halten.«

Angela Merkel[1]*

Marktwirtschaft ist, wie man weiß, kein Halmaspiel. Wer sich ihren Mechanismen unterwirft, kann es mit einem einzigen Mausklick zu Reichtum bringen, durch eine unbedachte Aktion aber auch an den Rand des Ruins geraten. Auf jeden Fall setzt er sich einem Konkurrenzkampf aus, der sich im Zeichen der Globalisierung und der noch längst nicht überstandenen internationalen Finanzkrise ständig verschärft.

Vor dem Hintergrund wachsender Zwänge ganz auf Werte wie kaufmännische Fairness oder gar Ethik zu setzen, dürfte blauäugig sein. Bleibt also, eine Nummer kleiner, die Hoffnung, dass wenigstens die international verbindlichen Regeln eingehalten werden, die das Wirtschaftsleben vor dem Absturz in die Anarchie bewahren. Doch es gibt auf dem Weltmarkt einen potenten Kandidaten, der mit stoischem Egoismus selbst gegen dieses Minimum an Konsens verstößt: die Volksrepublik China.

Das klingt, zugegeben, arg pauschal. Aber es existieren für diese Behauptung so viele Belege, dass sich selbst die zu vorsichtigem Taktieren neigende deutsche Industrie mittlerweile lautstark über die neueste Variante der Piraterie beklagt. In die Milliarden gehen die Verluste, die ihr durch den Diebstahl von Blaupausen, Patenten und sogar kompletten Konzepten entstehen.

---

* Die Anmerkungen befinden sich am Ende des Bandes ab Seite 234

Mein Buch präsentiert eine Fülle eklatanter Beispiele, versteht sich aber nicht als verbale Begleitmusik eines unternehmerischen Klageliedes – schließlich wurde kein Investor zu seinem Engagement in Fernost gezwungen. Was mich über den besorgniserregenden Befund hinaus interessierte, waren die Fragen nach seinen Ursachen und seinen möglichen Folgen. Wo liegen die kulturellen Wurzeln für das uns unverständliche Geschäftsgebaren der Chinesen? Welcher Mentalität entspringt es? Wer profitiert in erster Linie von dem Ideenklau? Und: In welcher Weise verändert sich unsere eigene Gesellschaft, wenn wir uns, was so mancher Politiker allen Ernstes fordert, stärker an den »asiatischen Werten« orientieren?

Als äußerst hilfreich erwiesen sich für mich die Kontakte, die ich bereits in meiner Pekinger Korrespondentenzeit zwischen 1985 und 1992 zu deutschen Kollegen, Kaufleuten oder Studenten, aber auch zu einheimischen Intellektuellen knüpfte. Da sie auf gemeinsam durchstandenen politischen Turbulenzen basieren, haben sie, wie ich bei meinen Recherchen mit Genugtuung feststellte, bis heute Bestand.

Diese alten Freunde können bezeugen, dass mich nicht ein antichinesisches Sentiment zu meinem ungeschminkten Report trieb, sondern die Befürchtung, ein mafioses System könnte sowohl die Ausbeutung und Unterdrückung im Innern zementieren als auch die gesellschaftliche Stabilität in der westlichen Welt untergraben. Einen Kotau vor der glitzernden Fassade und die Ignoranz der Realität würden mir meine der Aufklärung verpflichteten Informanten jedenfalls nicht verzeihen – zumal ich als Journalist zwar dem Gebot einer sauberen Beweisführung und plausiblen Argumentation unterliege, aber gottlob nicht den Zwängen der Diplomatie.

Hamburg, im Herbst 2009

Jürgen Bertram

I.
TRAUM UND TRAUMA

1.

»Der hat alles ausgeplündert, was auszuplündern war«

Ein Ingenieur und seine falschen Freunde

Es gibt dieses ganz bestimmte Leuchten in den Augen. Bei den Zeugen Jehovas sieht man es, die bei Wind und Wetter vor dem Bahnhof oder dem Kaufhaus für ihre christliche Botschaft werben, bei dem Fußballfan, der trotz einer Niederlagenserie seines Clubs siegesgewiss zum Stadion strebt, oder bei dem Angler, an dessen Rute nach stundenlangem Warten endlich ein dicker Fisch zappelt.

Als ich während meiner acht Jahre als Fernsehkorrespondent in Peking immer mal wieder mit dem Flugzeug zwischen Deutschland und China pendele, entdecke ich es auch bei einer Spezies, die, ständig kalkulierend, eigentlich zu einem klaren Blick neigt: bei Unternehmern und ihren Repräsentanten. Ginge von ihrem Strahlen, so phantasiere ich, auch eine physikalische Kraft aus, dann könnte die Crew getrost darauf verzichten, das Deckenlicht einzuschalten.

Ein verbales Mantra befeuert die Hochstimmung. Es lautet: Markt, Markt, Markt. Wenn nur jeder tausendste Chinese unseren Kühlschrank kauft, schwärmt mein Nachbar, der Salesmanager, dann … Wenn das Joint Venture mit dem Stahlwerk in Shanghai klappt, begeistert sich der Ingenieur hinter uns, dann … Schwungvoll hebt man nach jedem Gedankenspiel die Gläser und prostet sich auf Chinesisch zu: Ganbei! Und bei einem ersten Crashkurs in dieser so fremden Sprache hat man auch schon gelernt, was der Trinkspruch auf Deutsch bedeutet: trockenes Glas. Anders ausgedrückt: Ex!

Wer in solche aufgekratzten Runden eine Prise Skepsis streut, gilt schnell als Bedenkenträger, dem jeglicher Sinn für die Vision abgeht und der mit seiner notorischen Nörgelei das Investitionsklima verdirbt. Mein eigener Berufsstand steht ohnehin unter diesem Generalverdacht – nach der Formel: Journalismus gleich Defätismus.

Gut eine Dekade nach meinem Abschied aus Asien finde ich mich abermals im Kreis von Managern wieder – diesmal bei Diskussionsveranstaltungen der deutschen Wirtschaft. Schon die Themenstellung signalisiert einen Sinneswandel. »China – Wirtschaftswunder oder Fälscherparadies?«, fragt, im Mai 2008, die Industrie- und Handelskammer Magdeburg. »Bröckelt die China-Euphorie?«, will die IHK Hannover von den Experten auf dem Podium wissen.

Zornesröte steigt bei dem Forum in der niedersächsischen Metropole einem mittelständischen Spezialisten für das Verschweißen von Pipelines ins Gesicht, als er von seinen Erfahrungen in dem riesigen Land berichtet, das sich als Reich der Mitte und der Sitte versteht. Wir tauschen Visitenkarten aus und halten Kontakt. Im Sommer 2008 sitze ich dem Fabrikanten in seinem Büro am Stadtrand von Hannover gegenüber. Stundenlang lausche ich einer Geschichte, die ein volkswirtschaftliches und betriebliches Dilemma offenbart, aber auch ein persönliches Drama. Dessen tragische Momente verbieten eine klammheimliche Freude darüber, dass man als Journalist damals wohl doch nicht so falsch lag mit seiner Skepsis.

Eginhard Vietz wird 1941, in einer der schwärzesten Phasen der deutschen Geschichte, in dem Dorf Pommerzig an der Oder geboren und wächst, wie er mit einer für einen Aufsteiger ungewöhnlichen Offenheit bekennt, »in ärmlichsten Verhältnissen« auf. Seit Generationen verdingt sich die Familie bei einem Gutsbesitzer, der die Tagelöhner, so der Unternehmer, »wie Sklaven behandelt«. Der Vater fällt an der Front. Die Mutter wird von Polen erschossen. Nach dem Ende des Zweiten Weltkrieges packt die Oma einen Handwagen voll mit Lebensmitteln und Kleidung, setzt den Enkel obendrauf und zuckelt mit ihm, der besseren Perspektive wegen, in die Umgebung von Berlin.

In Babelsberg, einem Stadtteil von Potsdam, absolviert Eginhard Vietz eine Lehre als Schweißer. Am 10. August 1961, drei Tage vor der Errichtung der Mauer, flieht er aus der DDR, die auf Plan und Kollektiv setzt, in den Westen, der auf Markt und Eigeninitiative baut. Er steigt zum Ausbilder bei der Schweißtechnischen Lehr- und Versuchsanstalt Hannover auf, bringt es auf dem zweiten Bildungsweg zum Ingenieur, tüftelt bahnbrechende Verfahren aus und macht sich am Anfang der achtziger Jahre selbständig. Der Zwei-Mann-Betrieb wächst in kurzer Zeit zu einer Firma mit 200 Mitarbeitern heran. Die Devise ihres Besitzers prangt im Konferenzraum an der Wand: »Erst wenn meine Kunden zufrieden sind, bin ich zufrieden.«

Als der Techniker den Sprung in die Unabhängigkeit wagt, beginnen in der Volksrepublik China die Reformen zu greifen, die den brachialen, menschenfressenden Experimenten des Revolutionärs Mao Tse-tung ein Ende bereiten und die in jeder Hinsicht verrottete Nation fitmachen sollen für die Herausforderung der Globalisierung. Das Rezept: kapitalistischer statt marxistischer Materialismus, ökonomische Öffnung statt ideologische Isolation.

Der Lebenssaft, nach dem es die rapide wachsende Wirtschaft dürstet, ist Öl. Um es aus den abgelegenen Provinzen in die boomenden Regionen an der Küste transportieren zu können, benötigt man Pipelines von einigen tausend Kilometern Länge. Der hannoversche Fabrikant Eginhard Vietz weiß, wie man die Versatzstücke schnell und sicher miteinander verzahnt. Seine Technik gilt sogar als führend in der Welt. Und so sagt er sich: »China – das ist mein Durchbruch.«

Sein erstes Ziel im neuen Gelobten Land der deutschen Industrie ist Urumqi, die Hauptstadt der an Bodenschätzen reichen Provinz Xinjiang. In der Heimat des muslimischen Turkvolkes der Uiguren herrschen mit harter Hand die von ihrer kulturellen Überlegenheit überzeugten Han-Chinesen. Auch unter den etwa 3000 Zuhörern, vor denen Eginhard Vietz in der Halle des Volkes über seine hochmoderne Technologie referiert, dominieren sie.

In Urumqi, wo er sich zunächst auf seine Vortragstätigkeit beschränkt, erlebt der Unternehmer allerdings auch seinen ersten Schock auf chinesischem Boden. »Als ich mein Hotel bezog«, erinnert er sich, »traute ich meinen Augen nicht. Der Altbau war völlig heruntergekommen, und die Zimmer hatten nicht einmal Türen. Dann lüftete ich die Bettdecke – und mir krabbelten Käfer entgegen. Ich brauche keinen Luxus, aber dieses Loch verletzte meinen Stolz. Ich dachte: Bloß wieder weg hier!«

Das ist leichter gesagt als getan. Denn die klapprige Iljuschin, die Peking mit Urumqi verbindet, verkehrt damals nur einmal in der Woche – wenn sie denn fliegt.

Mit einem Abstand von 25 Jahren schließt der Pipeline-Experte nicht mehr aus, dass seine Gastgeber ihn mit Kalkül in diese Bruchbude steckten. »Die wollten mir wohl zeigen, dass sie die Bedingungen bestimmen, und dass ich als Ausländer froh sein konnte, überhaupt von ihnen empfangen zu werden. Aber vielleicht war es auch nur Gleichgültigkeit.«

Auf jeden Fall tut Eginhard Vietz nach der ersten Horrornacht das, was er unter gleichen Umständen auch in München, Mailand, Rio oder Melbourne getan hätte: Er beschwert sich. Doch was in der übrigen Welt als selbstverständlich gilt, begreifen die Chinesen als Affront. »Eine Viertelstunde hat mein Dolmetscher gebraucht, um den Parteikadern meinen Unmut nahezubringen.«

»Aber vielleicht gab es keine bessere Unterkunft«, werfe ich ein, mich daran erinnernd, dass ich in den achtziger Jahren in Urumqi mit meinem Team selbst mal in einem Hotel mit unzumutbaren Bedingungen genächtigt habe. Immerhin liegen damals im Restaurant Fragebögen aus, auf denen man die Speisen und den Service benoten kann. Wir machen unsere kritischen Anmerkungen und übergeben die Bögen dem Personal, das sie unter lautem Gekicher als Papierschwalben zu uns zurückfliegen lässt.

»Doch, es existierte in der Nähe der Stadt ein staatliches Gästehaus«, setzt Vietz seine Schilderung fort. »Als meine Gastgeber erkannten, dass ich nicht nur theoretisch etwas zu bieten hatte, sondern auch praktisch, ich also genau der richtige Mann für die Verwirklichung ihrer ehrgeizigen Pläne war, brachte man mich dort auch unter. Die Wachen salutierten, als sich meine Limousine näherte. So etwas Exklusives hatte ich noch nie gesehen. Das Gebäude war in eine phantastische Bergwelt eingebettet. Ich dachte: Das ist ja wie am Wolfgangsee.«

Der Ingenieur, der einen der Schlüssel für die Modernisierung des Landes besitzt, wird nun jahrelang in der Volksrepublik hofiert. In Peking geht er bei der Nomenklatura der KP ein und aus. Wenn er landauf und landab seine Referate hält und die Ausbeutung der Bodenschätze evaluiert, umgarnen ihn Gouverneure und Bürgermeister. Je häufiger er durch China reist, desto stärker werden ihm aber auch dessen kulturelle Eigenarten und gesellschaftlichen Defizite bewusst. Manche irritieren ihn nur, andere findet er »erschreckend«.

Mit der Übermacht des hierarchischen Denkens wird Eginhard Vietz bei einem Bankett in der Nähe von Peking konfrontiert. Nachdem er zusammen mit Spitzenfunktionären »die edelsten Meeresfrüchte meines Lebens« genossen hat, beschließt er, dem Koch für sein »Kunstwerk« ein persönliches Lob auszusprechen. Doch als er den Dolmetscher bittet, ihm den Mann vorzustellen, reagiert die Runde konsterniert. Minuten vergehen – und nichts geschieht. Der Gast aus Deutschland insistiert. Und wieder rinnt die Zeit dahin.

Dann, endlich, erscheint der Koch am Tisch – aber nicht in seinem Küchen-Outfit, sondern im dunklen Anzug und mit Schlips und Kragen. »Als ich ihm die Hand geben wollte«, so Vietz, »schlug er die Hacken zusammen und bedankte sich wie ein Soldat. Mir war sofort klar: Diesem Bediensteten war Lob fremd.«

An der Tafel der Auserwählten, so der chinesische Komment, haben die niederen Ränge nichts verloren. Und wenn der ausländische Gast das nicht begreift und sich unbedingt gemein machen will mit einem Koch, dann muss zumindest dessen Kleidung dem Status der Honoratioren angemessen sein.

Als mir der Fabrikant das aus unserer Sicht feudale Gehabe schildert, fällt mir sofort eine Episode aus meiner eigenen China-Zeit ein. Ihr Protagonist ist der damalige deutsche Postminister Christian Schwarz-Schilling. Ich begleite ihn mit meinem Team zu einer Raketenstation in den Bergen der Provinz Sichuan, und mein chinesischer Nachbar im Bus übersetzt für den konservativen Politiker. Mit der Dauer der Tour steigert sich seine Begeisterung. »Stellen Sie sich vor«, staunt er, »der Minister hat sich nach meiner Familie und nach meiner Ausbildung erkundigt. Und er hat mich sogar gefragt, ob er etwas für mich tun kann.« Als der Dolmetscher in meinem Blick ein gelassenes ›Na und‹ entdeckt, fügt er hinzu: »Das würde bei uns ein so hoher Kader nie tun.«

In Urumqi, wo sein China-Engagement begann, präsentiert man dem Ingenieur aus Hannover irgendwann auch die industrielle Infrastruktur – womöglich mit dem Hintergedanken, dem potentiellen Partner vor Augen zu führen, dass er sich in China um sozialen Schnickschnack wie Sicherheit oder feste Arbeitszeiten keine großen Gedanken machen muss. Doch nach dem Besuch einer Kohlemine reagiert der Unternehmer nicht anders als ein Gewerkschafter. »Das war menschenunwürdig«, erregt er sich noch heute. »Auf den Knien haben die Kumpels die Loren geschoben. Ich habe Mitleid mit ihnen gehabt – und nur noch gerufen: ›Raus, raus, raus hier!‹ Mein Gott: das sind doch Menschen und keine Roboter.«

Bei der Besichtigung einer Fabrik in Urumqi interessiert sich Eginhard Vietz besonders für die Schweißarbeiten, sein Spezialgebiet. »Da saßen Frauen im Kessel, die konnten vor giftigen Dämpfen keinen Meter weit blicken. Schutzmasken trugen sie nicht. Ich habe sofort meinen Dolmetscher auf den Missstand aufmerksam gemacht, aber der hat nur gesagt: ›Das macht doch nichts. Die schaffen das schon.‹« Bei einer Visite der Ölfelder von Daqing im Nordosten Chinas entsetzen den Gast vor allem die Umweltschäden. »Aus den Schornsteinen kamen Farben, wie ich sie noch nie gesehen hatte. Und genauso sahen die Flüsse aus.«

Wer sich in China engagiert, mehrt auch in der Heimat sein Ansehen. Eginhard Vietz begleitet nationale und regionale Regierungschefs auf ihren Asien-Reisen. Bei seinen Sommerfesten in Hannover schaut der niedersächsische Ministerpräsident vorbei. Für seine innovatorischen Leistungen heimst er Preis um Preis ein. Er avanciert zur Vorzeigefigur des Mittelstandes, jener unternehmerischen Kraft, die mit ihrer Kreativität und Flexibilität erheblich zur Position Deutschlands als Exportweltmeister beiträgt.

Ausgestattet mit der weltbesten Technologie, einem hart erkämpften Selbstbewusstsein und ersten Erfahrungen mit dem chinesischen Alltag, wagt sich der Ingenieur an sein erstes großes Projekt in der Volksrepublik: den Bau einer 4200 Kilometer langen Pipeline von Urumqi nach Shanghai. Er liefert siebzig Prozent der Maschinen, und als das gigantische Unternehmen dank ihrer Präzisionsarbeit zu einem aufsehenerregenden Erfolg wird, macht der chinesische Auftraggeber einen verlockenden Vorschlag: Lasst uns ein Joint Venture gründen und die Maschinen gemeinsam vor Ort produzieren.

Eginhard Vietz kalkuliert: Der Konzern gehört mit 1,3 Millionen Beschäftigten zu den größten Arbeitgebern des Landes. Und der Partner wäre gleichzeitig der beste Kunde. Also sagt er ja zu der gemeinsamen Firma. 2004 erwirbt er in Peking ein Grundstück. Ein Jahr später beginnt die Produktion. 150 Mitarbeiter stammen aus China, vier aus Hannover. Der Unternehmer verbringt anderthalb Wochen im Monat vor Ort. Er ist morgens der Erste im Büro und verlässt das Gelände als Letzter; er entspricht also ganz dem konfuzianischen Ideal des vorbildlichen Meisters.

Doch von nun an geht's bergab. Im März 2005, nur ein Vierteljahr nach dem Start, merkt der deutsche Teilhaber, »dass mit der Firma irgendwas nicht stimmt«. Das chinesische Führungspersonal wechselt ständig, in der Buchhaltung häufen sich die Unstimmigkeiten. Eines Tages gibt Vietz den einheimischen Mitarbeitern vor, für ein paar Tage nach Deutschland zu jetten, bezieht aber zusammen mit einem chinesischen Bekannten Position auf einem Grundstück, von dem er das Geschehen auf dem Gelände des Joint Ventures im Blick hat. Er legt sich also auf die Lauer. Was er beobachtet, kommt ihm noch heute vor »wie im Film«.

Vor der Fertigungshalle fährt an diesem denkwürdigen Tag ein VW-Bus vor, dem einige dubiose Figuren entsteigen. Nachdem sie sich mit Angestellten des Gemeinschaftsunternehmens ausgetauscht haben, verlässt das Auto das Areal. Der Fabrikant und sein Kompagnon folgen ihm. Nach acht

Kilometern stoppt der VW-Bus vor einem Gebäude, das vom Zaun bis zum Dach genauso aussieht wie die Produktionsstätte, mit der Eginhard Vietz sein China-Engagement begann. Als er die Halle inspiziert, entdeckt er Kopien seiner eigenen Zeichnungen und Maschinen, die anhand dieser Unterlagen nachgebaut wurden.

Vietz trennt sich von den betrügerischen Mitarbeitern und stellt mit Hilfe des Arbeitsamtes neue Ingenieure ein. Den Tüchtigsten macht er zum technischen Leiter – und damit, um es salopp auszudrücken, den Bock zum Gärtner. Der Mann arbeitet nämlich parallel exakt für die Firma, die Vietz in Nacht- und Nebelaktionen das Know-how klaute. »Der hat«, so der Unternehmer, »alles ausgeplündert, was auszuplündern war.«

In Anwesenheit von zwei Angehörigen der deutschen Botschaft gesteht der leitende Angestellte den Diebstahl. Vietz will das von ihm schwarz auf weiß haben und verfasst ein entsprechendes Papier. Als er mit dem Schreiben das Büro des Mannes betritt, ist der gerade dabei, die Daten des Hauptrechners auf seinen Laptop zu laden. Die von Vietz alarmierten Polizisten wiegeln den Fall zunächst als »interne Angelegenheit« ab. Erst als sie an der Wand ein Foto entdecken, das den deutschen Boss zusammen mit dem damaligen Bundeskanzler Gerhard Schröder und dessen chinesischem Amtskollegen Wen Jiabao zeigt, rufen sie vier höherrangige Beamte herbei. Sie versprechen, den Dieb festzunehmen und den Laptop einzubehalten. Am nächsten Mittag werde das Gerät dann im Beisein von Experten geöffnet.

Nichts geschieht am nächsten Mittag. Stattdessen wird Vietz immer wieder durch Anrufe hingehalten. Und dann steht plötzlich der Ingenieur mitsamt dem Laptop in der Tür und triumphiert mit Worten, die sein Arbeitgeber wohl nie vergessen wird: »Was wollt ihr? Ich bin frei.«

Noch gibt Vietz, der sich in China einen unternehmerischen Traum erfüllen wollte, nicht auf. Er verstärkt das deutsche Kontingent in der Belegschaft und drosselt die Produktion. Aber schon bald trifft ihn der K.-o.-Schlag. Der Mitarbeiter, der die sensiblen Daten auf seinen Laptop lud und auf wundersame Weise davonkam, fährt nachts mit einem Lastwagen vor dem Firmengelände vor, öffnet mit einem Nachschlüssel die Halle und transportiert einen etwa 25 Kilo schweren Tresor ab. Sein Inhalt: wichtige Papiere und der Hauptrechner.

Diesmal spricht der Bestohlene gleich beim Polizeipräsidenten vor, der sich aber für »nicht zuständig« erklärt. Begründung: Der LKW stamme aus einer Provinz außerhalb Pekings. Hatte er seine Nerven bis dahin halbwegs im Griff, so missachtet der Unternehmer in diesem Moment das Gebot, in China nie die Contenance zu verlieren. »Ihr Schweine, ihr Verbrecher«, erregt er sich, »was macht ihr mit mir?« Auch eine Intervention von Bundeskanzler Gerhard Schröder bei der chinesischen Politspitze verläuft im Sande. »Das war alles von höchster Stelle abgedeckt«, ist sich Vietz sicher. »China will unbedingt Hightech haben. Und um da ranzukommen, sind alle Mittel recht. Als ich hörte, dass auch Airbus in China montieren lässt, dachte ich sofort: O Gott, o Gott! Für mich ist es so sicher wie das Amen in der Kirche, dass China nach spätestens zwei Jahren einen eigenen Airbus baut, vielleicht noch eine Nummer größer.«

Hofiert, solange er nützlich war, fallengelassen, nachdem man sein Wissen ausgeweidet hatte – ich frage den Unternehmer, wie ihm zumute war, als ihm diese zynische Mechanik klarwurde.

»Für mich brach eine Welt zusammen. Ich habe hemmungslos geweint.«

»Waren Sie suizidgefährdet?«

»Ja, es gab einen Moment, in dem ich mir das Leben nehmen wollte. Aber meine Frau, die mich immer vor dem

Engagement in China gewarnt hat, baute mich durch ihre Stärke wieder auf.«

Eginhard Vietz reicht mir zwei Fotos. Auf dem einen flankieren ihn vier in traditionelle Tracht gewandete Schönheiten, die üppig dekorierte Schatullen mit Geschenken in den Händen halten. Blaue und gelbe Luftballons zieren die Wände, Blumenbuketts den Festtisch. »Einweihungsfeier Juni 2004« lautet die Unterschrift. Auf dem anderen Bild posiert eine Gruppe angeheiterter Chinesen mit ihrem Gastgeber vor dessen Hausbar in Hannover. Einer der Besucher legt vertrauensvoll den Arm um die Schulter seines deutschen Geschäftsfreundes. »Drei Joint-Venture-Partner in bester Laune für die Zukunft«, heißt es dazu. »Wahrscheinlich«, sagt der Unternehmer, »haben die mich schon damals betrogen. Da muss man doch verzweifeln. Oder?«

»Sind Sie diesen Leuten später noch mal begegnet?«

»Ja, bei einer Messe in China. Der größte Übeltäter hat mich lachend begrüßt und gesagt: ›Wir bauen Ihre Geräte jetzt selbst.‹ Das hat mich aufs Neue gekränkt.«

»Chinesen lachen oft aus Verlegenheit ...«

»Verlegenheit? Nein: Das war Triumph.«

Das Gefühl der Ohnmacht, das ihn am Messestand paralysiert und sprachlos macht, beschleicht Vietz nur wenig später an einem Ort, an dem er sich vor chinesischen Produktpiraten sicher wähnte: im Sudan, dem an Bodenschätzen reichen, politisch aber bankrotten Staat im Norden Afrikas. Er hat dort ein Ausbildungszentrum errichtet, das einheimische Techniker in die Lage versetzen soll, die Ausbeutung der Ölvorkommen voranzutreiben. Natürlich will er eines Tages selbst davon profitieren, aber er verbindet das Projekt mit einer entwicklungspolitischen Philosophie: Hilfe zur Selbsthilfe. Als er in der Hauptstadt Khartoum eintrifft, um das Gebäude feierlich zu eröffnen, empfängt ihn am Flughafen ein sichtlich geschockter deutscher Spitzendiplomat.

Seine Botschaft: die sudanesische Führung hat das Projekt ihren neuen chinesischen Freunden vermacht, die dort ihre eigenen Leute ausbilden.

Der Initiator der Institution kehrt unverrichteter Dinge nach Hannover zurück und zieht, vom Gläubigen zum Realisten konvertiert, seine Schlüsse aus dem Desaster in Afrika: »Ich möchte nicht wissen, wie viel Geld seitens der Chinesen geflossen ist. In Sachen Korruption kennen sie sich schließlich aus. In China läuft kein Geschäft ohne Bestechung. Glauben Sie's mir.«

Nach einer Lehrzeit von gut einem Vierteljahrhundert reduziert der niedersächsische Mittelständler seine China-Aktivitäten auf ein Minimum. Er unterhält in Peking nur noch eine Dependance mit drei Mitarbeitern. Vor allem lässt er in der Volksrepublik keine kompletten Maschinen mehr bauen, sondern nur noch Komponenten, die in Deutschland zusammengesetzt werden. In einem Papier, mit dem er Unternehmer-Kollegen über die Risiken in Fernost aufklärt, warnt er: »Es sollte nicht in China investieren, wer Schlüsseltechnologien herstellt, die für die Chinesen interessant sind, und wer nicht eine Million Euro zur Verfügung hat, auf die er verzichten kann.«

Die Überschrift über einem Erfahrungsbericht, den er für eine Fachschrift verfasste, lautet: »Vom chinesischen Traum zum Trauma«.

2.

**»Das Lebenswerk meiner Eltern
wurde zerstört«**

Alice Maria im Wunderland

Alzenau in Unterfranken gehört zu den deutschen Provinz-
städten, in denen eine »Zuchtkaninchen-Schau« noch als
Ereignis gilt. Schlappohrig posieren die Belgischen Riesen,
Weißen Wiener und Englischen Schecken auf überdimen-
sionalen Plakaten in den Schaufenstern des Einzelhandels,
und mit ihrer mümmelnden Behaglichkeit nehmen sie auch
den Besucher für sich ein, den es wegen einer ganz anderen
Thematik in den nördlichen Winkel des Freistaates Bayern
verschlug. Der satte Klang der Abendglocken von Sankt Jus-
tinus, die von den letzten Sonnenstrahlen gülden gefärbten
Kaskaden eines Flüsschens namens Kahl und die auf einer
Anhöhe des Spessarts thronende mittelalterliche Burg, in deren Hof man gerade »Das Käthchen von Heilbronn« spielt,
vollenden das Idyll. An die Vorstellung, dass in diesem Ort
von 19 000 Einwohnern deutsche Spitzentechnologie gefertigt wird, muss man sich erst gewöhnen.

Die Firma micotrol residiert in der Daimlerstraße, die sich
mit ihren zweckorientierten Fassaden aus Glas und Beton
und ihren unwirtlichen Supermärkten scharf abgrenzt gegen
den heimeligen Kern der Gemeinde. Auf die elektronische
Steuerung von Fahrstühlen hat sich das Unternehmen spezialisiert. Seine Geschäftsführerin Alice Maria Salber lässt
zeitlupenhaft die Fingerkuppen aneinanderstoßen, um die

Vorzüge ihrer Geräte zu demonstrieren. »Keinen Zenti-
meter«, sagt sie, »dürfen die Kanten beim Öffnen des Lifts
voneinander abweichen. Und der Start muss so sanft sein,
dass man ihn gar nicht merkt. Wenn ich irgendwo auf der
Welt einen Aufzug benutze und ein Ruckeln verspüre, dann
weiß ich sofort: die Steuerung stammt nicht von uns.«

Wesentlich knapper antwortet die 41-Jährige auf eine
Frage, die ich vorsichtshalber als »ziemlich gemein« avisiere:
»Welcher Begriff fällt Ihnen spontan ein, wenn Sie an China
denken?«

»Ohnmacht.«

»Sonst nichts?«

»Doch: Wut.«

Es sind ihre Eltern, die Ende der neunziger Jahre auf die
Idee kommen, es mit ihrem »Nischenprodukt« auf dem
Markt im Fernen Osten zu versuchen. Das Kalkül: Die neuen
ökonomischen Freiheiten lassen vor allem in den boomenden
Küstenstädten eine neue, zahlungskräftige Schicht entstehen.
Deren Streben nach Komfort und Prestige schlägt sich in der
Bauweise ihrer Siedlungen nieder. Also wächst auch der Be-
darf an eleganten und perfekt funktionierenden Aufzügen.

In einem Kaufmann aus Kanton findet das Familienunternehmen einen, wie es auf den ersten Blick scheint, idealen
Partner. Als ehemaliger Fahrstuhlmonteur versteht er etwas
von der Technik. In seinem neuen Job als Unternehmer weiß
er um die Lücken und Tücken des chinesischen Marktes.
»Ein wenig zu forsch« fällt allerdings, wie sich die Tochter
erinnert, der Antrittsbesuch in Alzenau aus. »Sein erster Satz
lautete: ›Ich will schnell Millionär werden!‹.«

»Hatte er wenigstens den Charme eines Hochstaplers?«

»Nein. Aus ihm sprach die reine Geldgier. Das galt noch
mehr für seine Frau, die er in die Verhandlungen schickte,
wenn es um die letzten Details ging. Mit einer so knallharten
Person hatte ich es noch nie zu tun.«

Die Stutzeffekte häufen sich mit der Dauer der Zusammenarbeit. Mal lässt sich der chinesische Repräsentant die hochwertige Ware in die Sonderzone Hongkong schicken, um sie wohl auf geheimen Wasserwegen mit Dschunken zollfrei in Richtung Festland zu schleusen. Mal wählt er den direkten Weg, aber dann verschwinden die Geräte oft monatelang bei den volksrepublikanischen Kontrollbehörden. »So lange eben«, mutmaßt Alice Maria Salber heute nicht ohne Grund, »bis man sie kopieren konnte.«

Und mit der Zahl der Aufträge nehmen auch die Forderungen zu, mit denen der geschäftstüchtige Kantonese seine unterfränkischen Partner nervt. Als seine Frau mit einem zweiten Kind schwanger ist, bedrängt er die Familie, sie bis zur Geburt bei sich aufzunehmen. Der Trick, auf den sich das Alzenauer Unternehmen allerdings nicht einlässt: Auf diese Weise erwirbt das Baby das Recht auf die deutsche Staatsbürgerschaft – und die chinesischen Eltern umgehen die Strafe, die ihnen in der Heimat wegen der strikten Ein-Kind-Politik droht.

Schon bald greift auch ein Mechanismus, mit dem sich fast jeder deutsche China-Investor konfrontiert sieht: Es rückt, auf Firmenkosten, eine Gruppe von Kadern an, die das Geschäft in der Volksrepublik dank ihrer politischen und bürokratischen Macht forcieren oder behindern können. Das Trio, das man in Alzenau begrüßt, hält sich in dem kulturell interessanten, aber von einem Nachtleben weitgehend freien Städtchen gar nicht erst lange auf, sondern steuert spornstreichs die etwa dreißig Kilometer entfernte Metropole Frankfurt an. »Die hatten«, so Alice Maria Salber, »nur ein Ziel im Kopf: Das Rotlichtviertel in der Nähe des Hauptbahnhofs. Ja, und irgendwann kam dann ein Anruf von der Polizei. Ein Beamter bat uns händeringend, die drei Chinesen auszulösen. Sie waren mit den Diensten der Damen wohl nicht zufrieden und weigerten sich, die Rechnung zu begleichen.«

Auch ein Bankett, zu dem die deutsche Unternehmer-Familie ihre Gäste einlädt, mündet in einen Eklat. »Weil ihnen offenbar irgendetwas nicht passte, haben sie das Personal angepöbelt und wurden sogar handgreiflich. Die Dolmetscherin war am Ende dermaßen mit den Nerven fertig, dass sie den Job hingeschmissen hat.«

Die Folge: Einen Italien-Trip, der vor allem dem Kauf von Schmuck dient, muss die Gruppe ohne Begleitung antreten. Prompt verpassen die Touristen aus Fernost in Mailand den Rückflug nach Frankfurt. Sie nehmen den Zug – und wieder gibt es Ärger mit der Polizei. In ihren Pässen fehlt das Visum für die Schweiz. »Als sie dann endlich in Alzenau eintrafen, hatte ich Mühe, ihnen klarzumachen, dass man sich auch als Chinese in Europa an bestimmte Regeln halten muss. Unglaublich, wie die sich hier aufgeführt haben. Unverfroren und unverschämt war das.«

Meine Interviewpartnerin breitet, nachdem sie ihre Suada beendet hat, die Arme aus, hebt die Schultern und zieht die Augenbrauen hoch. Es fällt mir nicht schwer, ihre Körpersprache zu deuten, weil ich exakt das Gleiche empfinde: Es tut mir ja leid, dass ich ein so drastisches Urteil fällen muss. Aber das ist nun mal die Realität. Sie aus Gründen der *political correctness* zu verdrängen, wäre verlogen und bringt uns nicht weiter.

Als wolle sie dokumentieren, dass sie trotz ihrer negativen Erfahrungen auch zur Solidarität mit chinesischen Bürgern fähig ist, schickt Alice Maria Salber einige Eindrücke von einer Reise in die chinesische Provinz hinterher: »Da stand an einer Kreuzung ein ausgemergelter Mann mit seinem Fahrrad, dessen Anhänger haushoch mit Holz beladen war. Als die Ampel auf Grün sprang und er in die Pedale trat, dachte ich: gleich bricht er vor unseren Augen zusammen. Und dann die Arbeitsbedingungen in den Betrieben, die man uns zeigte: Morgens um fünf wird da angefangen, abends gegen acht aufgehört. Zwischendurch legt man sich in der Massenunterkunft mal auf die Pritsche. Und es herrscht dort ein unglaublich autoritärer Ton. Also für mich war China ein einziger Kulturschock.«

Auch für mich. Und das gilt nicht nur für meine acht Korrespondentenjahre, sondern genauso für meine regelmäßigen Besuche danach. Was ich zum Beispiel während einer Drehreise im Jahre 1999 in der Provinz westlich von Peking erlebe, bestätigt die Eindrücke meiner Alzenauer Gastgeberin. Mein Thema ist der zehnte Jahrestag der Niederschlagung des Volksaufstandes am 4. Juni 1989. Als wir in einem Steinbruch filmen, in dem das Material für das Pflaster auf dem Platz des Himmlischen Friedens in Peking gewonnen wird, entdecke ich eine Gruppe junger Frauen, die mit Hämmern riesige Brocken zerkleinern und gegen den feinen Staub, der nach jedem Schlag auf ihre Kleidung und ihre Gesichter rieselt, in keiner Weise geschützt sind. Ich frage den chinesischen Besitzer, wie lange seine Arbeiterinnen täglich im Akkord schuften. Seine Antwort: »So lange, bis sie nicht mehr können.«

Auch für das Auftreten der Kader während ihres Europa-Besuchs fällt mir bei meinem Gespräch in der Firma micotrol eine Parallele ein. Erst wenige Monate zuvor hat mir ein deutscher Kaufmann, den ich aus meiner Zeit in Peking kenne und der jetzt in Australien lebt, von seinen Schwierigkeiten berichtet, die chinesischen Kunden seines bei Ulm ansässigen Arbeitgebers in Hotels unterzubringen. »In der ganzen Stadt und ihrer Umgebung war damals kein Wirt bereit, diese Besucher aufzunehmen. So schlechte Erfahrungen hatte man mit ihnen gemacht. Ausländerfeindlichkeit war es jedenfalls nicht, die zu dieser Weigerung führte.«

China hat den Sprung in die ökonomische Moderne, das muss man sich immer wieder vor Augen führen, innerhalb weniger Dekaden vollzogen. Das feudalistische und bäuerliche Fundament, auf dem die Gesellschaft seit einigen Jahrtausenden basiert und das auch der kommunistischen Revolution standhielt, blieb von dieser Zäsur weitgehend unberührt. Am auffälligsten schlägt sich dies im Verhalten der Neureichen und der von dieser Schicht profitierenden Kader nieder.

Der verunglückte Besuch im Bordell, die Raufhändel im Restaurant, die Komplikationen während der Zugfahrt – es sind Vorkommnisse, die sich irgendwie ausbügeln lassen. Für die wirtschaftlichen Nackenschläge, die folgen, gilt das nicht. Im Jahre 2003 bestätigt sich bei einer Inspektionsreise der Verdacht, dass der in China residierende Repräsentant die in Alzenau gefertigten Geräte in eigener Regie nachbaut. Ein deutscher Mitarbeiter hilft ihm offenbar dabei. Die Firma, die das unterfränkische Unternehmen hintergeht, nennt sich »micocontrol«. Das klingt fast genauso wie der Originalname »micotrol«. Ihn benutzt der Produktpirat weiter auf seiner Website.

Die Konsequenzen sind katastrophal: Die asiatischen Kunden glauben, es mit dem renommierten Unternehmen in Alzenau zu tun zu haben, bekommen aber Geräte geliefert, die zwar erheblich preiswerter sind, aber auch von weitaus schlechterer Qualität. Und so häufen sich in Alzenau die Beschwerden über Steuerungssysteme, die man gar nicht produziert hat. Als in einer Mängelrüge von »Schrott« die Rede ist, betätigen sich Experten aus dem Mutterhaus als Detektive und prüfen die Seriennummern der beanstandeten Ware. Und siehe da: während in Alzenau jedes gefertigte Stück eine neue Nummer erhält, beschränken sich die Nachahmer auf eine einzige Zahl. Doch als man die Fälschung belegen kann, ist der Ruf in Asien bereits ruiniert. »Meine Eltern haben auch sehr viel privates Geld in das China-Projekt gesteckt«, erklärt Alice Maria Salber. »Am Ende war ihr Lebenswerk zerstört.«

»Haben Sie versucht, Ihr Recht einzuklagen?«

»Das haben wir aufgegeben, als der chinesische Anwalt sofort 30 000 US-Dollar Anzahlung verlangte. Aber wir haben uns das Copyright auf unseren Firmennamen gesichert.«

Vater und Mutter ziehen sich resigniert zurück. Die Tochter, die ihr Studium der Politologie und Soziologie mit einer Arbeit über den Genossenschaftsgründer Georg Heim abschloss, wagt als Geschäftsführerin eines Nachfolgeunternehmens einen neuen Anfang. 30 Mitarbeiter hatte der Betrieb zu seiner Blütezeit in Alzenau. Heute sind es fünf. »Das sind alles hochqualifizierte Leute«, sagt die Chefin, »die dafür sorgen, dass wir im Service ungeschlagen bleiben. Dieses Qualitätsbewusstsein ist ein Wert, den wir unserer chinesischen Billig-Konkurrenz voraushaben.«

Auf einer Fachmesse in Shanghai passiert Alice Maria Salber das Gleiche wie dem niedersächsischen Pipeline-Spezialisten Eginhard Vietz: Sie trifft auf den Dieb ihres Knowhows. Als sie ihn zur Rede stellt, reagiert der Mann, der sonst vor Selbstbewusstsein strotzt, sichtlich nervös. Ausländische Kunden umlagern seinen Stand. Deswegen ist ihm die Konfrontation mit seiner ehemaligen Partnerin unangenehm. »Aber dann«, berichtet die Unternehmerin, »bekam er doch noch die Kurve. Er hat mich einfach als hysterische Ziege hingestellt.«

3.

**»Wir müssen aufhören,
mit Wattebällchen zu werfen«**

Die Palette der Produktpiraten

Pförtnerlogen sind nicht gerade Orte der Inspiration. Man wartet darauf, dass sich die elektronisch gesteuerte Tür öffnet, stellt sich knapp dem Mann hinter der zentimeterdicken Trennscheibe vor, füllt den Besucherschein aus und fällt, bevor man in die Chefetage vorgelassen wird, jener geistigen Müdigkeit anheim, zu der jede öde Prozedur verleitet. Wie gut, dass der Wächter am Eingang zum Werk 6 der Waiblinger Firma STIHL AG & Co. KG dem sattsam bekannten Ritual eine Frage hinterherschickt, deren Brisanz die journalistische Neugier gerade noch rechtzeitig wieder belebt. »Besitzen Sie«, will er wissen, »ein Handy, mit dem Sie fotografieren oder filmen können?«

Angst vor Spionen – wo sie derartig ausgeprägt ist wie bei diesem baden-württembergischen Familienunternehmen, sage ich mir, müssen Werte auf dem Spiel stehen, die weit über das gängige Maß hinausreichen. Ein Blick in das Informationsmaterial, das mir der Jurist Martin Welker, Leiter der Abteilung »Recht und Patentwesen«, als Basis für unser Gespräch überreicht, bestätigt meine Vermutung. Die Güter, die es zu schützen gilt, wurzeln in einer gut achtzigjährigen Tradition und erschöpfen sich nicht im Materiellen.

Der Name Stihl, so lerne ich, gilt weltweit als Synonym für Motorsägen und deutsche Wertarbeit. 35 000 Fachhändler und mehr als 120 Importeure verkaufen die Werkzeuge in 160 Ländern. Wie die fast 10 000 festen Mitarbeiter verpflichten sie sich dem obersten Firmengebot: »Produktqualität kennt keine Toleranz.« Innerbetrieblich setzt man in Waiblingen auf ein hohes Maß an Transparenz und Innovation. Man nimmt mehr Auszubildende auf als die meisten vergleichbaren Unternehmen, legt Wert darauf, dass mindestens drei Viertel der Führungskräfte aus den eigenen Reihen kommen und beteiligt die Beschäftigten am Gewinn. Um die Identifikation zu sichern und im Dschungel der Globalisierung den Überblick zu bewahren, meidet die Familie den Gang zur Börse.

Nicht minder eindrucksvoll nehmen sich die gesellschaftlichen Grundsätze aus. »STIHL«, so heißt es gleich unter Punkt 1 in einem Katalog zur Unternehmenskultur, »achtet auf die Einhaltung der international gültigen Menschenrechte.« Die Firma »anerkennt«, Punkt 3, »die Vereinigungsfreiheit der Mitarbeiter«. Und sie »wendet sich«, Punkt 7, »gegen Korruption, einschließlich Erpressung und Bestechung«.

Bei dem Komplex Naturschutz wird deutlich, dass auch Eigeninteresse und Pragmatismus zu einem ökologisch achtbaren Ergebnis führen können. »Als Hersteller von mobilen, motorbetriebenen Geräten«, heißt es in den Postulaten, »… ist STIHL auf eine intakte Umwelt angewiesen und damit in besonderem Maße verpflichtet, seine Geschäfte so zu betreiben, dass schädliche Auswirkungen auf die Umwelt so gering wie möglich gehalten werden … Es werden Ressourcen schonende Produkte entwickelt und mit der besten verfügbaren Technologie gefertigt.« In einer Hochglanzbroschüre verweist das Unternehmen im Übrigen darauf, dass 80 Prozent des Regenwaldes der Brandrodung zum Opfer fallen.

In der Betriebszeitung »blick ins werk«, Jahrgang 2008, stößt der politisch interessierte Leser auf ein Phänomen, das in einer sich neu orientierenden Gesellschaft offenbar Schule macht: den Flirt zwischen dem Kapital und den Grünen. Jedenfalls zitiert das Blatt deren baden-württembergischen Fraktionsvorsitzenden Winfried Kretschmann mit den Worten: »Hier sieht man, dass sich ökonomische Ziele und Ziele im Bereich des Umweltschutzes sehr gut vereinbaren lassen.«

Selbst wenn man die Affirmation, die jeder Eigenwerbung innewohnt, in Rechnung stellt, bleibt die Erkenntnis, dass sich ein schwäbischer Weltmarktführer eine auf Qualität und Nachhaltigkeit bedachte Verfassung gegeben hat, an der man sein Verhalten messen kann und die ganz neue gesellschaftliche Optionen eröffnet. Ob dies aus Zwang, Einsicht, Moral oder einer Mischung aus diesen Antrieben geschah, spielt für den Effekt keine Rolle. Problematisch aber wird es, wenn das Konzept eines aufgeklärten Kapitalismus mit dessen brachialer Variante kollidiert – Chinas neuer, eben nicht sozialer Marktwirtschaft.

Das sensible Thema Umwelt bietet für diesen Konflikt ein lehrbuchhaftes Beispiel. Als die kambodschanischen Behörden die Einfuhr von Motorsägen untersagen, um dem bereits arg malträtierten Regenwald eine Erholungspause zu gönnen, nimmt die Firma STIHL ihre Produkte »sofort vom Markt«, wie mein Interviewpartner, der Jurist Martin Welker, versichert. Und doch wird in Kambodscha weiter abgeholzt – mit Sägen, die den neuesten Modellen aus Waiblingen zwar verblüffend ähnlich sehen, in Wahrheit aber aus chinesischen Fälscherwerkstätten stammen. Das Prinzip: Man baut in der Volksrepublik die Einzelteile nach, schmuggelt sie vermutlich mit Billigung korrupter Beamter über die kambodschanische Grenze und setzt sie vor Ort zusammen.

Zu verschlungen sind die Pfade der Markenpiraten, als dass der Leiter der Rechtsabteilung es wagen könnte, den Verlust an Geld und Image verbindlich zu beziffern. »Auf jeden Fall«, sagt er, »ist der Schaden enorm, und die Fälle nehmen ständig zu«. Aber: Auch in Waiblingen ist man aus Schaden klüger geworden und setzt nun Detektive auf die fernöstlichen Technologie-Diebe an. Sie kaufen in der Region systematisch Motorsägen auf und schicken sie zum Check nach Schwaben. Die Diagnose lässt bisweilen auch die leidgeprüftesten Kontrolleure verzweifeln.

»Seit 1972«, erläutert Martin Welker, »sind unsere Kettensägen mit einem Sicherheitselement ausgestattet, das sich bei Unregelmäßigkeiten sofort einschaltet. Als wir kürzlich eine Kiste mit Plagiaten öffneten, fiel uns diese Vorrichtung entgegen. Sie war offenbar so dilettantisch angebracht, dass sie bereits beim Transport abbrach.«

»Und was passiert, wenn man eine solche Säge benutzt?«

Der Jurist antwortet mit einer schneidenden Handbewegung, die dicht am Oberarm und am Hals vorbeiführt. Da ich während meiner 13 Jahre als Asien-Korrespondent auch immer wieder kambodschanische Waldarbeiter und ihre Familien gefilmt habe, stelle ich mir sofort ein Bild dazu vor und muss mich nach einer Schrecksekunde erst wieder einklinken in das Referat. »Man darf nicht vergessen, dass es sich um Motoren mit Formel-1-Drehzahlen handelt. Effizienz, Balance, Sicherheit – das sind Elemente, die hundertprozentig aufeinander abgestimmt sein müssen. Tausend Erfindungen sind in unserem Haus seit 1926 gemacht worden, bevor dieses Ideal erreicht wurde. Und Sie glauben ja nicht, wie streng die EU-Richtlinien sind, die wir einhalten müssen. Dreihundert Mal wird eine Kettensäge in allen Variationen getestet, bevor man sie zulässt. Und dann ist da noch unser Aufsichtsratsvorsitzender Hans Peter Stihl. Der probiert auf seinem Grundstück alles aus, was wir herstellen. Qualität hat nun mal ihren Preis – für den Produzenten wie für den Kunden. Die Devise ›Geiz ist geil‹ führt jedenfalls in die völlig falsche Richtung.«

»Und wie reagieren Ihre Ingenieure, wenn sie mit den Fälschungen konfrontiert werden?«

»Das geht denen wirklich unter die Haut. Denn für sie ist ein Premium-Produkt mehr als ein bloßer Gegenstand. Den Plagiaten fehlt dagegen jede geistige Durchdringung. Wir haben es sogar schon erlebt, dass äußere Schäden am Gerät mitkopiert wurden – ohne Sinn und Verstand.« Ein Experte von der mittelständischen Regensburger Maschinenfabrik Reinhausen berichtet über ähnliche Erfahrungen: »Es geht sogar so weit«, zitiert ihn im Sommer 2008 die *Süddeutsche Zeitung,* »dass unsere Betriebsanleitungen eins zu eins kopiert werden, einschließlich der von uns übersehenen Rechtschreibfehler.«

130 Spielarten an Imitationen hat die Firma STIHL bislang registriert. Dass ihr renommierter Name missbraucht wird, um illegal Regenwald zu zerstören und Geräte mit unzureichender Sicherung auf den Markt zu bringen, führt das Problem des geistigen Diebstahls in eine neue Dimension. Und es gibt noch ein anderes gewichtiges Indiz für die Relevanz und die Brisanz der Thematik: die Gründung einer Institution mit der programmatischen Bezeichnung »Aktionskreis Deutsche Wirtschaft gegen Produkt- und Markenpiraterie (APM) e. V.« Ihr Vorsitzender seit April 2008: Rüdiger Stihl, Gesellschafter des besonders gebeutelten Waiblinger Familienunternehmens.

Die Liste der etwa 80 Mitglieder liest sich wie ein *Who is who* der deutschen Industrie. Autohersteller wie Audi, BMW, DaimlerChrysler, Porsche und Volkswagen gehören dazu, Pharmariesen wie Bayer Schering, Boehringer Ingelheim und Merck, die Multis Bosch und Siemens oder der Textilfabrikant Hugo Boss.

Es ist ein Spektrum, das der Palette der Produktpiraterie entspricht, die das Nachrichtenmagazin *DER SPIEGEL* in einer Titelgeschichte zu diesem Thema (»Die gelben

Spione«) präsentiert[1]: »Sie stehlen: Laptops von deutschen Messeständen, Datensätze aus deutschen Firmenrechnern. Sie erpressen: Konstruktionspläne, die Ausländer abliefern müssen, bevor sie Zugang zum China-Markt bekommen. Sie kopieren: nicht nur die Verpackung, sondern gleich die komplette Verpackungsanlage. Sie klauen so schamlos, so systematisch, so selbstverständlich das geistige Eigentum des Westens, dass dieses Kriegen um jeden Preis längst den Charakter eines Krieges um den höchsten Preis angenommen hat: die Weltmarktführung auch im Hochtechnologie-Bereich.«

Etwa 30 Milliarden Euro, so schätzt die deutsche Wirtschaft, büßen ihre Betriebe jährlich auf diesem Schlachtfeld ein. 70 000 Arbeitsplätze gäbe es mehr ohne diesen Angriff auf das geistige Eigentum. Bis zu fünfzig Prozent Umsatzverluste durch Plagiate ermittelte der Verband Deutscher Maschinen- und Anlagenbau (VDMA) bei seinen Mitgliedern. Jedes zweite betroffene Unternehmen nannte China als Ursprungsland der Fälschungen. Bei der Hannoverschen Industriemesse 2008 rückte die Organisation zum ersten Mal mit Fachanwälten an, die geschädigten Firmen an Ort und Stelle ihre Dienste anboten. Als »Krebsgeschwür der Globalisierung, das seit etwa zehn Jahren erschreckend wächst«, bezeichnet der Unternehmer Rüdiger Stihl das Phänomen.

Nach einer von der Europäischen Kommission veröffentlichten Zollstatistik wurden 2007 an den EU-Außengrenzen mehr als 250 Millionen gefälschte Artikel beschlagnahmt – gut dreimal so viel wie im Jahr zuvor. Allein der deutsche Zoll zog 2006 Imitate im Wert 1,2 Milliarden Euro aus dem Verkehr – fünfmal mehr als im Vorjahr. Von diesen minderwertigen Artikeln kamen sogar 72,7 Prozent aus der Volksrepublik. Mit weitem Abstand folgt auf dem zweiten Platz die Türkei (9,7 Prozent). Als man beim ZDF-Magazin *frontal 21* im Februar 2008 darüber nachdenkt, was die Piraten im Visier haben, fällt die Antwort ebenso knapp wie korrekt aus: »Alles.« Bei der Schaeffler KG, einem auf Autozubehör spezialisierten Familienunternehmen, hat man sogar eine eigene Stabsstelle zur Abwehr solcher Attacken eingerichtet.

Die durch ihre Expansions-Aktivitäten in die Schlagzeilen geratene Firma residiert in Herzogenaurach, einem unternehmerischen Geniestrich in der Nähe von Nürnberg. Auch die global agierenden Sportartikel-Hersteller adidas und Puma haben ihre Zentralen in dem 23 000-Einwohner-Städtchen, in dem es mehr Arbeitsplätze gibt als arbeitsfähige Bürger. Die träge vor sich hin plätschernde Aurach trennt den historischen Stadtkern mit seinem fränkischen Fachwerk von den hochmodernen Verwaltungsgebäuden und Fabrikhallen, über deren Dächern auch im nasskalten, ersten Frost streuenden November das Ballett der Baukräne kreist.

Weltläufigkeit und Gediegenheit – es ist eine Kombination, die sich in der Empfangshalle der Firma Schaeffler wiederholt. Ein Ensemble eleganter Sofas und Sessel in der unaufdringlichen Farbe grau arrangiert sich um eine Vitrine, die, als handele es sich um den Gral der Gründer, einen Bollerwagen vor profanen Berührungen schützt. Mit der Produktion dieses simpelsten aller Transportmittel begann der kometenhafte Aufstieg des Unternehmens, das zum Zeitpunkt meines Besuches weltweit 66 000 Mitarbeiter beschäftigt. Sein in den Firmenpostulaten festgeschriebener Qualitätsanspruch: »Null Fehler.«

Als ich, umgeben von Designerleuchten und mit Laptops bewehrten Besuchern, auf die Rechtsanwältin Ingrid Bichlmeir-Böhn warte, die in diesem Betrieb das Anti-Piraterie-Büro leitet, reduziere ich meine journalistischen Hoffnungen allerdings auf ein Minimum. Das Unternehmen, so sage ich mir, erlebt wegen seines hart umkämpften Engagements bei der Firma Continental und der verheerenden Finanzkrise gerade die heftigsten Turbulenzen seiner Geschichte. Da wird eine Rechtsabteilung Wichtigeres zu tun haben, als einem Journalisten Auskünfte über einen Nebenschauplatz zu erteilen. Ein paar Broschüren, vielleicht einige Zahlen – das wird es heute wohl sein.

Aber die Produktpiraterie ist für Schaeffler auch in dieser dramatischen Phase keine Marginalie, sondern ein in der Öffentlichkeit viel zu wenig beachteter Teil des Problems. Und deswegen ist die Juristin Ingrid Bichlmeir-Böhn geradezu darauf erpicht, mit mir zu reden: »Wissen Sie: Wir haben uns entschlossen, in die Offensive zu gehen. Es gibt bei uns nun mal ein erhebliches Problem mit Plagiaten – und wir stehen dazu. Dieses Phänomen beschränkt sich zwar nicht auf China, aber dieses Land macht uns am meisten zu schaffen. Morgen fliege ich übrigens nach Japan. In Nagoya findet ein Weltkongress statt, der sich auch mit diesem brisanten Thema beschäftigt. Es ist gut, dass man ein weltweites Problem endlich global angeht.«

Seit sich ihre Firma 2004 entschloss, ein spezielles Anti-Piraterie-Büro zu etablieren, hat es, so die Leiterin, eine »enorme Zunahme an Fällen« gegeben. Einer der Gründe seien die »technologischen Quantensprünge«, die zum Beispiel den Design-Fälschern die Arbeit erleichterten. »Als ich 1985 meine Laufbahn in einer Anwaltskanzlei begann, haben wir unsere erste elektrische Schreibmaschine als bahnbrechendes Ereignis gefeiert. Das Gleiche galt später für das Faxgerät. Heute geht man zum Media-Markt und kauft für wenig Geld die tollsten Sachen. Offset-Druckmaschinen, Farbkopierer ... so etwas bezahlen professionelle Fälscher mittlerweile aus der Portokasse. Eine große Gefahr geht auch von den neuen Kommunikationsmitteln aus. Über das Internet kann man Daten heute viel leichter ausspähen als früher.«

Neue Gefahren drohen vom Handel per online, der in Deutschland bereits im Jahre 2005 ein Volumen von 32 Milliarden Euro erreichte. Bis zu siebzig Prozent der elektronisch bestellten Waren, so schätzt der Aktionskreis Deutsche Wirtschaft gegen Produkt- und Markenpiraterie, sind gefälscht.

Das Herzogenauracher Unternehmen begegnet den verfeinerten Methoden der Fälscher mit einer robusteren Abwehr. »Wir müssen aufhören, mit Wattebällchen zu werfen«, sagt Ingrid Bichelmeir-Böhn. Auf notorische Ideen-Diebe setzt man neuerdings chinesische Firmen an, die sich darauf spezialisiert haben, Fälscherwerkstätten auf Bestellung mit Razzien zu überraschen. Das heißt: Deren Betreiber werden von Landsleuten verfolgt, die den Missbrauch bereits als Marktlücke erkannt haben. Es ist eine absurde Konstellation.

»Besteht nicht die Gefahr, dass solche Agenturen die Razzia vorher ankündigen und auch für diesen Verrat abkassieren?«

»Dieses Gefühl haben wir nicht. Solche Firmen sind an langfristigen Geschäftsbeziehungen mit uns interessiert – und das klappt natürlich nur, wenn sie Erfolge vorweisen können. Im Übrigen schießen wir nicht mit Kanonen auf Spatzen. Wenn wir zum Beispiel mit unserem riesigen Stand auf einer Messe vertreten sind und eine chinesische Klitsche mit ein paar Fakes unserer Produkte entdecken, rufen wir nicht gleich nach der Polizei. Wir pflegen also nicht das Prinzip Goliath gegen David. Und wem nützt es, wenn man bei einem Schaden von 10 000 Euro nach einem langwierigen Verfahren 5000 Euro ersetzt bekommt? Aber bei gravierenden Verstößen heißt unsere Devise: null Toleranz.«

»Was ist für Sie ein gravierender Fall?«

»Erst vor wenigen Wochen hat der Zoll an der Grenze zwischen Bulgarien und der Türkei eine Ladung mit 401 000 gefälschten Kugellagern entdeckt, die für den türkischen Markt bestimmt waren.«

»Moment: Mit wie viel Kugellagern?«

»Mehr als 400 000. Und kurz darauf kamen noch mal

378 000 dazu. Wir haben beantragt, sie allesamt zu vernichten. Solche Fälle weisen oft auf mafiose Strukturen.«

»Und was passiert, wenn ein solcher Schmuggel nicht auffliegt?«

»Dann kann von den gefälschten Lagern eine große Gefahr ausgehen. Stellen Sie sich vor: Sie vergnügen sich beim Inline Scating, befinden sich in voller Fahrt – und es kommt zu einer Blockade ...«

Ich stelle es mir vor. Und als ich später die Erläuterungen des deutschen Zolls zu seinen einschlägigen Funden studiere, kann ich endgültig nachvollziehen, warum die Herzogenauracher Juristin »manchmal ziemlich viel Wut im Bauch« hat. Sie bestätigen nämlich, dass sich Produktpiraten über Sicherheitserfordernisse skrupellos hinwegsetzen.

»Gefälschte Lenkteile oder Bremsscheiben für PKW«, warnt zum Beispiel der Jahresbericht 2006 des Hamburger Zolls, »können zu schweren Unfällen führen.« Dass es sich dabei nicht um Panikmache handelt, bestätigt ein von Fahndern des Volkwagen-Konzerns vorgelegter Bericht: »Wir haben schon Bremsscheiben sicherstellen lassen, die bei hundert Stundenkilometern gebrochen sind.«

Der »Fachverband Werkzeugindustrie« geht davon aus, dass in Deutschland im gewerblichen Bereich jedes Jahr rund 3500 Arbeitsunfälle auf Plagiate zurückzuführen sind. Der Zollreport über den Hamburger Hafen, der als das wichtigste Einfallstor für illegal exportierte Ware gilt, verweist auch auf »fehlende Wirkstoffe im Arzneimittelbereich« und auf »gefälschte und damit qualitativ schlechte Nahrungsmittel«. Im Bundeskriminalamt wächst das Entsetzen über die Zahl der Bundesbürger, die noch immer auf die ebenso billigen wie gefährlichen Angebote aus Fernost hereinfallen. »Die Mentalität in Deutschland«, urteilt ein Beamter, »wird sich erst ändern, wenn nachweislich der erste Deutsche durch Pillen aus China gestorben ist.«

In seinem Bericht für das Jahr 2007 komplettiert das Bundesfinanzministerium die Liste des Horrors: »Giftige Farben und Rückstände, Bremsbeläge aus Torf, mangelnde Dämpfung bei Sportschuhen, Rückstände verbotener Insektenvertilgungsmittel in Textilien, gepanschte Cremes.« 39 beanstandete Waren zählt das europäische Schnellwarnsystem »Rapex« 2008 in seiner Schwarzen Liste für gefährliche Produkte auf. 30 davon stammen aus der Volksrepublik.

Wie lax man dort auch auf dem eigenen Markt mit so sensiblen Gütern wie Lebensmitteln umgeht, wird 2008 im Vorfeld der Paralympics, der Behinderten-Olympiade, deutlich. Den deutschen Teilnehmern empfiehlt die sportliche Leitung dringend, außerhalb des Olympischen Dorfes in Peking keinerlei Nahrungsmittel zu sich zu nehmen – weder Hähnchen noch die berühmte Peking-Ente. Das Geflügel wird in China offenbar so massiv mit Hormonen hochgepäppelt, dass dies nach dem Verzehr bei einer Dopingkontrolle durchschlagen könnte.

Schlimmer noch: Auch am Körper chinesischer Sportler wird, wie die frühere DDR-Weltklassesprinterin Ines Geipel in ihrem Report »No Limit«[2] enthüllt, mit den fragwürdigsten Methoden herummanipuliert. Von anabolen Steroiden bis zu Myostatinblockern, die das Wachstum der Muskeln fördern, reicht das Spektrum der in staatlichen wie privaten Labors gemixten, international geächteten Substanzen. An Szenen aus einem Horrorfilm fühlt man sich erinnert, wenn man von Mäusen liest, die das Endprodukt solcher Experimente sind: »Sie haben monströse Nacken, rasen und springen trotz niedriger Herzfrequenzen wild in den Käfigen herum, leben doppelt so lange wie andere Mäuse, sind vor Fettleibigkeit geschützt, sexbesessen und fressen wesentlich mehr als ihre normalen Artgenossen.« Mir fällt angesichts einer solchen Aufzählung eine beklemmende Frage ein: Folgt der »neuen Maus« schon bald der »neue Mensch«?

Die Autorin Ines Geipel ist jedenfalls davon überzeugt, »dass bei den Substanzen kein Risiko gescheut wird. Aus Erfahrung weiß man: Was möglich ist, wird auch gemacht.« Zu DDR-Zeiten hat die Hochleistungssportlerin am eigenen Leib erfahren, wie skrupellos Funktionäre und Ärzte handeln, wenn es darum geht, das Ansehen des Landes durch Medaillen aufzuwerten. Die chinesische Journalistin Du Jia weiß, welche fatalen Auswirkungen es hat, wenn sich zu den nationalen Ambitionen eine zweite Stimulans gesellt: die Aussicht auf Profit.

Als ich sie während eines Besuchs in Hamburg interviewe, spricht die Reporterin, die in Amerika studierte und heute für einen britischen Fernsehsender aus Peking berichtet, die Wahrheit unverblümt aus: »Die Tatsache, dass anderswo auf der Welt im Zusammenhang mit den Möglichkeiten der Gentechnologie über ethische Fragen diskutiert wird, wertet man in China als Chance, als Marktlücke. Und wenn mal ein Experiment schiefgeht, dann regt das kaum jemanden auf. Es gibt so viele Chinesen ... da spielt das Individuum keine Rolle.«

Ein niedersächsischer Unternehmer denkt nach einem Desaster in China an Selbstmord und kritisiert die Arbeitsbedingungen in diesem sich kommunistisch nennenden Land von links. Ein betrügerischer Agent treibt einen unterfränkischen Familienbetrieb an den Rand des Ruins. Der Diebstahl geistigen Eigentums vernichtet Arbeitsplätze. Gefälschte Produkte gefährden die Gesundheit. Experimente mit Menschen und Mäusen provozieren Schreckensvisionen. Es ist ein Szenario, das dazu auffordert, nach der gemeinsamen Wurzel solcher Phänomene zu forschen und aus den Erkenntnissen die richtigen, also nicht von Verklärung und Unterwürfigkeit geprägten Schlüsse zu ziehen.

II.
GRÖSSE UND
GRÖSSENWAHN

4.

»Sie müssen im Frack kommen und in Unterhosen gehen«

China, China über alles

Peking, im Frühjahr 1989. Die Studenten gehen auf die Barrikaden. Zunächst protestieren sie, unterstützt von den frustrierten Massen, gegen Korruption, Vetternwirtschaft, Machtmissbrauch. Schon bald rufen sie auch nach Pressefreiheit, Rechtsstaatlichkeit, unabhängigen Gewerkschaften. Wie viele westliche Journalisten richte ich mein Augenmerk vor allem auf jene Forderungen, die dem Wertekanon meiner eigenen Gesellschaft entsprechen. Erst als ich nach der Niederschlagung des Volksaufstandes die Sequenzen für eine Hintergrund-Dokumentation noch einmal in Ruhe Revue passieren lasse, fällt mir die Vielzahl der Transparente mit einer vaterländischen Parole auf: »China muss wieder groß werden!«

Sogar Bilder des Revolutionärs Mao Tse-tung, dessen Experimente vielen Millionen das Leben kosteten, tragen einige Demonstranten wie Monstranzen vor sich her. Was Mao nicht nur in ihren Augen trotz seiner Verbrechen historische Bedeutung verleiht, ist seine Leistung, das Land nach Kriegen gegen äußere und innere Feinde wieder vereint zu haben. Die Volksbefreiungsarmee richtet ihre Gewehre und Panzer damals also nicht gegen außer Rand und Band geratene Revoluzzer, sondern gegen glühende Patrioten. Auch darin liegt die Tragik der blutigen Nacht zum 4. Juni 1989.

Ich erlebe sie mit einem jungen Deutschen namens Johann Vranic, der an der Beida-Universität, dem geistigen Zentrum des Widerstands, einige Semester Chinesisch studiert und mich wochenlang über die neuesten Entwicklungen auf dem Campus informierte. Da er nach seinem Studium ein baden-württembergisches Unternehmen in der chinesischen Provinz Shandong vertritt und dabei tiefe Einblicke in die Verhaltensmuster der Bürger gewinnt, konsultiere ich ihn auch während meiner Recherchen für dieses Buch. Bei unserem Wiedersehen in einem Café in dem Städtchen Rottenburg bei Tübingen bestätigt sich schnell, was mir vor fast zwanzig Jahren am Schneidetisch schwante: das Phänomen des Patriotismus haben wir seinerzeit unterschätzt.

In wohl kaum einem anderen Staat der Welt, so sind wir uns einig, wird das Gefühl der Größe so einhellig geteilt wie in China. Das gilt auch für Gruppen, die sich in allen anderen Fragen befehden. Wer das als Ausländer, auch als Investor, missachtet, ignoriert eines der wichtigsten Wesensmerkmale dieser Gesellschaft. »Ich werde oft um Reisetipps für Peking gebeten«, berichtet Johann Vranic. »Dann sage ich immer: Geht als Erstes in den Kaiserpalast – dann habt ihr China kompakt. Mit diesem gigantischen Bauwerk hat sich das Selbstverständnis in diesem Land ein Denkmal gesetzt. Das ist die Größe an sich.«

Fläche: 9 598 088 Quadratkilometer. Einwohner: mehr als 1,3 Milliarden. Kontinuierliche Kultur: geschätzte 5000 Jahre. Allein von der Dimension Chinas geht eine suggestive Wirkung aus, der auch ich mich während meiner Zeit als Fernsehkorrespondent nicht entziehen kann. Als wir für die ARD den Zug porträtieren, der zwischen Peking und Urumqi verkehrt, der Hauptstadt der Provinz Xinjiang, sind wir insgesamt 144 Stunden unterwegs. Dabei gerät immer mal wieder die 6700 Kilometer lange Große Mauer in den Blick, das gegen feindliche Heere und fremdes Gedankengut errichtete Bollwerk. Nur wenige hundert Kilometer kürzer ist der Jangtsekiang, Chinas Schicksalsfluss, über den wir eine Serie für das Weihnachtsprogramm produzieren. Mehr als eine Million Bürger müssen dem Stauprojekt weichen, das die Kraft des Stromes brechen, bündeln und nutzen soll.

Sind wir im hohen Norden der Volksrepublik unterwegs, bewegen wir uns an der Grenze zu Sibirien. Bei einem Besuch der Insel Hainan befinden wir uns auf der Höhe der Philippinen. Auf dem Weg von der tibetischen Hauptstadt Lhasa in Richtung Nepal passieren wir den Mount Everest, den mit 8850 Metern höchsten Berg der Welt. In den westlichen Wüsten geraten wir an die Tiefpunkte der Erde und unserer Physis. Wie benommen verlassen wir in der Nähe der alten Kaiserstadt Xian die Grabstätte jenes legendären Herrschers, dessen Gebeine eine Armee aus Terrakotta-Soldaten bewacht.

Doch noch bedeutender als die Magie der scheinbar grenzenlosen Proportionen ist das historische Fundament, auf dem die offenbar durch keine noch so großen Erschütterungen gefährdete Identifikation mit der Nation basiert. Aus all den Irrungen und Wirrungen, Intrigen und Kriegen, Blütezeiten und Katastrophen, also dem komplexen Kosmos der chinesischen Geschichte, kristallisiert sich eine gültige, in ihrer Schlichtheit fast schon bestürzende Erkenntnis heraus: Dieses Land begreift sich nicht nur geographisch, sondern auch kulturell als Mittelpunkt, hält sich mithin für den Nabel der Welt. Einer der wichtigsten Stützpfeiler dieses exklusiven Anspruchs ist die Staats- und Lebenslehre des Meisters Konfuzius, die Chinas Kaiser mit dem Mandat des Himmels ausstattete. »Der Himmel«, so der Hamburger Sinologe Wolfram Eberhard, »ist für ihn nicht ein willkürlich waltender Tyrann, sondern die Verkörperung einer Gesetzmäßigkeit. Der Himmel handelt nicht eigenmächtig, sondern nach dem Weltgesetz, dem ›Tao‹.«[1]

Von dieser Höhe führt die Leiter der Hierarchie in die irdischen Gefilde – in die Gesellschaft, in der die Eliten die Richtung vorgeben, in die Familien, in denen der Vater absolute Autorität genießt und in denen sämtliche Verwandten zusätzlich eingebunden sind in wechselseitige Abhängigkeiten, schließlich in die Gemeinschaft der Völker, von denen keines an die Erhabenheit Chinas heranreicht. »Zhong hua – Kulturblüte der Mitte«, lautet denn auch eine seiner gängigen Bezeichnungen.

»Das Verhältnis zwischen China und dem Westen«, resümiert der Pekinger Schriftsteller Li Er, »war in der traditionellen chinesischen Betrachtung ein Verhältnis zwischen Kultivierten und Barbaren.«[2] Die äußeren Kennzeichen einer an Paranoia grenzenden Abschottung gegenüber fremden Einflüssen sind Bollwerke aus Lehm und Stein. »Kein Volk der Erde«, resümiert der Hamburger Sinologe Oskar Weggel, »hat so unbedingt auf Mauern vertraut wie das chinesische, und nirgendwo sonst wurden deshalb Städte und ganze Landschaften so beharrlich mit Mauern eingefasst wie im kaiserlichen China.«[3]

Der Journalist Kai Strittmatter, ehemaliger Peking-Korrespondent der *Süddeutschen Zeitung*, geht davon aus, dass diese sich hinter der Abkapselung verbergende Geisteshaltung bis heute nachwirkt. »China«, beschreibt er im Frühjahr 2008 das nationale Selbstverständnis, »ist die Zivilisation, und die Zivilisation ist China.« Auch die Publizistin Sabine Stahl meint: »Bis heute ist das ›Chinesische‹ ein Wert an sich, sind Konfuzianismus und chinesische Zivilisation Synonyme.«

Für Investoren wie den Pipeline-Spezialisten Eginhard Vietz, die Elektronik-Produzentin Alice Maria Salber oder den Motorsägen-Hersteller STIHL bedeutet das: Man erwartet von ihnen, dass sie zu ihren Partnern aufschauen. Sie agieren aus deren Sicht nicht auf gleicher Augenhöhe. Nachdem ich in Augsburg einen Vortrag über die kulturellen Unterschiede zwischen Ostasien und Mitteleuropa gehalten habe, treffe ich bei einer Runde am Kamin auf einen Unternehmer, der instinktiv erkannt hat, dass Chinesen von ihren westlichen Partnern hofiert werden wollen. Er habe, berichtet er stolz, einen Bus »mit allen Schikanen« konstruiert: mit Großbildschirm, persönlicher Bar, exklusiven Ledersitzen. Mit diesem Gefährt bringe man chinesische Geschäftsleute vom Flughafen zu ihren Quartieren. Man spüre, wie die Gäste angesichts dieses Komforts regelrecht aufblühten, und das wirke sich auch günstig auf die bevorstehenden Gespräche aus.

Wieder werden in diesem Moment Erinnerungen an meine Zeit in China wach: In der Millionenstadt Wuhan am Jangtsekiang porträtieren wir einen pensionierten deutschen Ingenieur, der dort die Produktion einer Fabrik für Dieselmotoren reformieren soll. Um die Arbeiter zu motivieren, will er deren heruntergekommene Wohnungen renovieren lassen. Dazu benötigt er die Genehmigung einer für den Betrieb zuständigen hohen KP-Funktionärin. Sie zögert und zögert – bis er ihr aus der Bundesrepublik eine Luxuslimousine besorgt. Eine der Bedingungen: eine Bar neben ihrem Sitz.

Blickt man zurück in Chinas ältere und jüngere Geschichte, dann stößt man nicht nur auf durchaus bewundernswerte technische und zivilisatorische Errungenschaften, sondern immer wieder auch auf Zeugnisse jener kulturellen Überheblichkeit, die weit über berechtigten Stolz hinausreicht. Als zum Beispiel im 15. Jahrhundert, einer der Glanzzeiten des Reiches, am Kaiserhof erwogen wird, eine schlagkräftige Flotte von Kriegsschiffen aufzubauen, warnt ein hoher Beamter: »China sollte sich nicht herablassen, mit Wölfen und Schweinen zu kämpfen.« Im 18. Jahrhundert wird ein »Amt zur Regelung der Barbaren« eingerichtet. Es überwacht die zunehmenden China-Aktivitäten europäischer Mächte, die sich in der Position gleichberechtigter Gäste wähnen. »Aus diesem gegenseitigen Missverständnis« analysiert der Sinologe Wolfram Eberhard, »entstanden … eine Anzahl schwerwiegender politischer Konflikte. Die Europäer warfen den Chinesen Bruch von Verträgen, Nichteinhaltung von Verpflichtungen und anderes vor, während die Chinesen ihrer Ansicht nach vollkommen korrekt gehandelt hatten.«[4]

So sieht das wohl auch ein Kaufmann, der zu Beginn des 21. Jahrhunderts bei einer Messe in Deutschland ins Netz des Zolls gerät. »Diesmal«, berichtet das ZDF-Magazin *Frontal 21*, »stoßen die Zöllner bei ihrem Kontrollgang … auf einen besonders dreisten Fall: Schon das dritte Mal innerhalb von drei Jahren stellen sie bei einem Chinesen ein und dieselbe Kopie eines patentierten Markenstiftes … sicher. Den Beamten reicht es jetzt. Der Händler scheint unbelehrbar. Diesmal muss er die Strafe sofort in bar bezahlen.«[5]

Kurz vor der Wende zum 19. Jahrhundert schickt der britische König Georg III. einen Gesandten nach China. Er soll am Hof die Möglichkeiten eines Warenaustauschs ausloten. Kaiser Qianlong fertigt ihn mit den Worten ab: »Wir haben nicht das geringste Bedürfnis für Ihre Waren. Wir besitzen bereits alles.« Etwa zur gleichen Zeit wagt sich der amerikanische Missionar Arthur H. Smith an einen Katalog, in dem er die aus seiner Sicht wesentlichen Eigenschaften des chinesischen Volkscharakters aufzählt. Dazu gehören »unermüdliche Geschäftigkeit«, »Konservatismus«, »Mitleidlosigkeit«, »Geduld und Ausdauer« – und: »Fremdenverachtung«. Mehr als hundert Jahre später stößt die chinesische Journalistin Du Jia, die eine Dekade lang in den Vereinigten Staaten lebte und heute in Peking für einen britischen Fernsehsender arbeitet, auf dieses als Klassiker geltende Werk. »Das könnte man heute noch genauso schreiben«, sagt sie. »Zu einer grundlegenden Veränderung im Denken haben die Reformen jedenfalls bisher nicht geführt.«

Der 1936 verstorbene Schriftsteller Lu Xun, einer der

bedeutendsten chinesischen Literaten und ein vehementer Kritiker der konfuzianischen Lehre, macht im Verhältnis seiner Landsleute gegenüber den Fremden eine ihn abstoßende Ambivalenz aus: »Die Chinesen kannten immer nur zwei Arten, mit Ausländern umzugehen. Entweder haben sie zu ihnen aufgeblickt und sie als höhere Wesen betrachtet, oder sie haben sie als Wilde abqualifiziert. Nie waren sie fähig, sie als Freunde anzusehen, sie als ebenbürtig zu akzeptieren.«[6]

Nimmt man die Umgangssprache als Indikator, dann überwiegen die negativen Einschätzungen. »Da bizi – Großnase« und »Lao maozi – alter Haariger« heben, noch relativ harmlos, auf anatomische Besonderheiten der Menschen aus der westlichen Hemisphäre ab. Das ebenfalls geläufige »Yang guize – fremder Teufel« zeugt gleichermaßen von Ängsten und Verachtung. Oft wird dieser Begriff auch mit spezifischen Attributen versehen: »Westlicher Teufel«, »amerikanischer Teufel« oder »britischer Teufel«.

Die Fernsehjournalistin Du Jia verrät mir einen in den Sprachgebrauch ihres Landes eingesickerten Satz, der die Rolle der gegenwärtig in China tätigen westlichen Investoren beschreibt: »Sie müssen im Frack kommen und in Unterhosen gehen.« In dieselbe Richtung zielt schon seit längerer Zeit ein Begriff, der so viel wie »Ausländer schlachten« bedeutet. Solche verächtlichen Einschätzungen bestärken meine kritische Kollegin in ihrem Wunsch, China »so schnell wie möglich wieder zu verlassen«. Der Zynismus nehme zu in ihrer Heimat – »und bevor ich selbst zynisch werde, gehe ich lieber.«

Normalerweise tendiert die chinesische Sprache zur Umschreibung, zum Indirekten, zum Verschleiern des Unangenehmen. Das gilt auch für die Diskussion in der Politik – solange sich die andere Seite einigermaßen konform verhält. Tut sie das nicht, dann kann es ihr auch auf höchster Ebene passieren, dass man Salven knallharter verbaler Attacken auf sie abfeuert. So ergeht es zum Beispiel dem britischen Diplomaten Chris Patten, der seiner Königin bis 1997 als letzter Gouverneur in Hongkong dient. Als der für seine selbstbewusste Haltung bekannte Konservative vor der vertraglich vereinbarten Übergabe der Kronkolonie an die Volksrepublik zögert, sich einigen von Peking diktierten Bedingungen zu beugen, beschimpft ihn die amtliche Nachrichtenagentur Xinhua als »Hure« und »Schlange«.

Es ist eine Entgleisung, die an die Ausfälle gegen den Dalai Lama, das geistliche Oberhaupt der Tibeter, erinnert. Als einen »Wolf in Mönchskutte« und einen »Teufel mit dem Gesicht eines Menschen« bezeichnet ihn ein ranghoher KP-Kader nach den gewalttätigen Protesten im Vorfeld der Olympischen Spiele 2008.

Der Funktionär knüpft damit nahtlos an die tief in die chinesische Tradition reichende Praxis an, die ethnischen Minoritäten des Reiches auf Abbildungen in Tiergestalt darzustellen. Dem Philosophen und Staatsmann Wang Yangming (1472–1528) waren es diese Un-Menschen nicht einmal wert, unter der unmittelbaren Herrschaft der reinrassigen Elite zu stehen: »Barbaren«, meint er zum Stellenwert der Minderheiten, »sind wie wilde Tiere. Eine direkte Zivilverwaltung durch Han-Beamte wäre so, als ob man ein Rudel Hirsche im Wohnzimmer eines Hauses zu halten und zu zähmen versuchte. Letzten Endes springen sie nur über deine geweihten Altare, treten deine Tische um und zerschlagen alles in wilder Furcht. In den Wildnisbezirken sollte man deshalb eine dem Charakter der Wildnis angepasste Methode anwenden ... Die Herrschaftsgebiete der verschiedenen Häuptlinge aufteilen, heißt Beschränkungszonen zu errichten und entspricht der Politik, den Hengst zu beschneiden und den Eber zu kastrieren.«[7]

Zwar betrachtet China die Heimat der Tibeter als unverhandelbaren Teil seines staatlichen Territoriums, doch behandelt man dieses Gebiet in der politischen Realität noch heute als kulturelles Ausland. Wie wenig die Führung in Peking Rücksicht nimmt auf die Gefühle dieser Menschen, dokumentiert der Erlass, den 28. März 2009 als 50. Jahrestag der »Befreiung« zu begehen. Angesichts der Tatsache, dass bei Aufständen gegen die Invasoren Hunderttausende ihr Leben ließen, ist dies eine einzige Provokation.

Beschränken sich die meisten westlichen Touristen auf Highlights wie die boomende Metropole Shanghai, die alte Kaiserstadt Xian oder die mystischen Kegelberge von Guilin, so geraten ausländische Investoren und ihre Repräsentanten auf der Suche nach Partnern und Märkten auch schon mal in die abgelegene, von ethnischen Minderheiten bewohnte Provinz. Und wer von ihnen über das Gewinnstreben nicht den Blick für das soziale Elend und die kulturelle Entfremdung eingebüßt hat, weiß anschließend über erschütternde Erlebnisse zu berichten – wie der deutsche Kaufmann Josef Koller, den ich während meiner Pekinger Jahre kennenlernte, und der heute in Australien lebt.

An einem »bitterkalten Tag im Januar« ist Koller mit einem chinesischen Dolmetscher in der Inneren Mongolei unterwegs. Als er im Zentrum der Hauptstadt Hohot einen zerlumpten Bettler entdeckt, schickt er sich »selbstverständlich« an, ihm ein paar Geldscheine zuzustecken. »Das konnte mein Begleiter«, erinnert er sich, »überhaupt nicht nachvollziehen. ›Schnell, schnell, lasst uns weitergehen!‹, hat er mich aufgefordert. ›Das ist doch kein Mensch!‹« Koller gibt dem Bettler das Geld – und findet heraus, dass der Mann der Minderheit der in der Provinz Xinjang beheimateten Uiguren angehört.

Nach der Rangordnung der extrem hierarchisch geprägten Gesellschaft stoßen bei dieser Aktion drei Kategorien aufeinander: ganz oben rangiert der Chinese und ganz unten der Bettler, bei dem sich die soziale Schwäche und die Zugehörigkeit zu einer Minderheit zu einem unüberwindlichen

Stigma summieren. Nicht weit hinter dem Dolmetscher folgt der Deutsche, dessen wirtschaftlich starkes Land in der Tabelle der China nachgeordneten Nationen ziemlich weit oben steht und der sich aus der Sicht seines Begleiters schon deswegen die Solidarität mit einem Absteiger verkneifen sollte.

Ganz unten auf der internationalen Skala sind die Afrikaner angesiedelt. In einem *SPIEGEL*-Interview zu seinem Buch »China ruft dich« erklärt der Autor Ingo Niemann: »Schwarze haben es am schwersten, sie können nicht einmal Englischlehrer werden.« Er spielt damit auf das schlechte Ansehen eines Jobs an, in den sich, um in teuren Städten wie Peking oder Shanghai finanziell klarkommen zu können, oft genug auch Laien flüchten. »Aber auch Chinesen, die lange Zeit im Ausland lebten«, fügt Niemann hinzu, »haben oft Probleme, sich wieder zu integrieren. Man nennt sie ›Bananen‹: außen gelb und innen weiß.«[8]

Während meiner Pekinger Korrespondentenjahre wohne ich in einem Viertel, in dem auch viele afrikanische Diplomaten und Studenten leben. Immer wieder kommt es zu Auseinandersetzungen zwischen den zu Verachtung und Misstrauen neigenden Einheimischen und ihren offenen, lebensfrohen Nachbarn, die einmal sogar öffentlich gegen ihre Diskriminierung protestieren. Dass sie dies in einer auf absolute Ruhe und Ordnung bedachten Diktatur wagen, belegt ihren Leidensdruck.

Der Taxifahrer, den wir hin und wieder in unserem Studio beschäftigen, gibt demonstrativ würgende Laute von sich, wenn er einen Afrikaner oder einen Angehörigen der tibetischen Minderheit entdeckt. Mein ehemaliger studentischer Mitarbeiter Johann Vranic berichtet mir von einem Gespräch, das er als Repräsentant seiner schwäbischen Firma mit einem chinesischen Geschäftspartner führte. »Der hat tatsächlich gesagt, mit den tüchtigen Juden habe Adolf Hitler die ›Falschen‹ umgebracht. Von den Afrikanern hätte er die Welt befreien sollen.« Der Mann, der das von sich gibt, hat studiert und gehört der neuen ökonomischen Avantgarde an.

Auf der Skala der Wertigkeiten, von der das Ansehen eines Landes in China abhängt, kann es trotz einer im Grunde statischen Ausrichtung durchaus zu gelegentlichen Abstürzen kommen. Dies blüht automatisch einem Staat, der bei einem sensiblen Thema politisch aus dem Ruder läuft. Deutschland bekommt dies zum Beispiel zu spüren, als Bundeskanzlerin Angela Merkel 2007 an ihrem Berliner Amtssitz den Dalai Lama empfängt. Peking, das diese Entscheidung als Affront begreift, storniert sofort Kulturprogramme und unterbricht einseitig den Rechtsstaatsdialog zwischen den beiden Nationen. »Ihre Hand«, mokiert sich ein Parteiorgan, »war noch warm vom Händedruck unseres Ministerpräsidenten, als sie dem Dalai Lama die Hand reichte.«[9]

Als das Europäische Parlament Ende Oktober 2008 den inhaftierten Menschenrechtler Hu Jia trotz massiven Drucks aus Peking mit dem Sacharow-Preis auszeichnet, rutscht ein ganzer Kontinent in der Tabelle nach unten. Das chinesische Außenministerium bezeichnet die Ehrung eines »Kriminellen« als »grobe Einmischung in die inneren Angelegenheiten«. Man sei mit der Entscheidung »äußerst unzufrieden«.[10]

Fast genau einen Monat später storniert die Pekinger Führung sogar ein Gipfeltreffen mit der EU, bei dem ein so bedeutsames Thema wie die weltweite Finanz- und Wirtschaftskrise auf der Agenda steht. Der Grund: Eine Einladung des Dalai Lama zu Gesprächen in Brüssel. Den Westen zu bestrafen, ist der Regierung in diesem Fall wichtiger als die gemeinsame Suche nach Lösungen aus der globalen Krise. Dass sie sich mit dieser Haltung in der Welt isoliert, nimmt sie in Kauf. »Die Chinesen«, kommentiert die *Süddeutsche Zeitung*, »blamieren sich mit dieser aus nationalistischer Nabelschau und ideologischer Verbohrtheit geborenen Überreaktion nur selbst.«[11]

Sogar in Institutionen, in denen sich zwischen Chinesen und Deutschen im Laufe vieler Jahre eine Atmosphäre des Vertrauens und des Respekts aufgebaut hat, können kleinste Anlässe zu eruptiv ausbrechenden Konflikten führen. Das geschieht während meiner Korrespondentenzeit beispielsweise an einer Pekinger Universität, an der Dozenten aus der Bundesrepublik Sprachunterricht erteilen. Als sie den Fotokopierer ihrer Abteilung mit einem Benutzungsverbot belegen, weil er wegen unsachgemäßer Wartung kurz vor dem Kollaps steht, inszenieren die Chinesen einen Aufstand. Sie werfen den Pädagogen kolonialistische Anmaßung vor und haben offenbar vergessen, dass man die Reparatur des Gerätes stets den Deutschen überlässt.

Als uns einige Jahre später eine Pekinger Freundin in Hamburg besucht, berichte ich als Gastgeber zunächst über meine beruflichen Erfahrungen nach meiner Rückkehr in die Zentrale des Norddeutschen Rundfunks. Irgendwann erhebt sich die junge Frau abrupt aus ihrem Sessel, knallt die Tür zu – und verschwindet wortlos. Der Runde bleibt dieser unerwartete Ausbruch zunächst ein Rätsel – bis mir endlich seine Lösung schwant: Eine Chinesin, die aus dem Reich der Mitte angereist ist, beansprucht für sich, dass sie in einem solchen Kreis von Anfang an im Mittelpunkt steht. Der Narzissmus, der die Gesellschaft prägt, ist auch dem Individuum zu eigen, die Gefahr der Kränkung also allgegenwärtig.

Auch als Korrespondent kann man in China unversehens auf das Minenfeld politischer Abstrafungen geraten. Mir selbst ergeht das so, als ich in der Hafenstadt Dalian eine harmlose, im Grunde sogar wohlwollende Geschichte über den dortigen Touristen-Boom drehen will. Wir stellen beim »Amt für Ausländer« ordnungsgemäß einen Antrag, hören wochenlang nichts und erhalten am Ende einen abschlägigen Bescheid. Wir rätseln und rätseln über die Gründe – bis uns ein Insider auf die richtige Spur führt: Dalian war mal die

Partnerstadt von Bremen, und die Hanseaten kündigten den Pakt nach dem Massaker am 4. Juni 1989 auf. An uns, dem Fernsehteam aus Deutschland, hat man sich stellvertretend gerächt.

Ein anderes Mal werden wir sogar in eine Art westliche Sippenhaft genommen. Diese Geschichte beginnt auf dem Flughafen von Xining, dem Zentrum der an Tibet grenzenden Provinz Qinghai. Nach einer aufreibenden Drehreise wollen wir von dort zunächst nach Lanzhou, der nächsten großen Stadt, fliegen und von dort weiter nach Peking. Die Maschine steht, für jedermann sichtbar, bereits auf der Piste. Doch die Gepäckschalter bleiben verriegelt und verrammelt. Einige der Passagiere haben von Peking Anschlussflüge nach New York gebucht. Auf uns wartet bereits am nächsten Morgen ein wichtiger aktueller Termin: ein Treffen des amerikanischen Außenministers mit der chinesischen Führung. Als die Ungeduld mehr und mehr in Unmut umschlägt, bequemt sich eine Bedienstete endlich zu einer Erklärung: Der Flug von Xining nach Lanzhou falle heute aus. Definitiv? Definitiv. Und warum? Achselzucken.

Unser Dolmetscher, geübt im Ergründen solcher Widrigkeiten, findet die Ursache heraus: Am Tag zuvor sei der chinesische Pilot in einen Streit mit einem amerikanischen Reisenden geraten. Und da auch heute wieder Bürger aus den USA auf der Liste stünden, verweigere er »aus erzieherischen Gründen« den Start. Ich weise – zugegeben: ziemlich unsolidarisch – darauf hin, dass wir aus Deutschland stammen und nicht aus Amerika. Aber dieser Sturkopf von Pilot lässt sich, was ich fast schon wieder bewundere, nicht erweichen.

Der Besitzer eines Kleinbusses erkennt in unserer Not die Marktlücke und bietet uns für einen horrenden Preis an, uns auf dem Landweg zum Flughafen von Lanzhou zu bringen. In Staubwolken gehüllt, rasen wir durch das wildromantische Tal des Gelben Flusses – und stoßen hinter einer Biegung auf eine lange Autoschlange. »Eine Sprengung«, klärt uns unser Dolmetscher auf. »Das kann Stunden dauern.«

Ich statte unseren chinesischen Mitarbeiter mit Argumenten aus, die sich für eine Bewerbung beim diplomatischen Dienst eignen würden, und bitte ihn, von Auto zu Auto zu gehen und sie den Wartenden vorzutragen: Wir beanspruchten, so der Tenor, als Ausländer keine Sonderrechte und wüssten die großartige chinesische Kultur sehr wohl zu schätzen. Da wir aber als Journalisten in Peking einen wichtigen Termin wahrnehmen müssten, bäten wir herzlich darum, uns nach der Aufhebung der Sperre ausnahmsweise vorzulassen. Nicht ein einziger der Angesprochenen erklärt sich zu diesem Entgegenkommen bereit. Im Gegenteil: Unser von einem Loyalitätskonflikt zum anderen eilender Dolmetscher muss sich wieder einmal als Handlanger der Langnasen beschimpfen lassen. Es ist einer der unangenehmsten Momente, die ich während meiner acht Jahre in China erlebe. Noch heute läuft es mir kalt den Rücken hinunter, wenn ich an die aggressive Stimmung denke, die uns damals entgegenschlug.

Glücklicherweise startet die Maschine, die von Lanzhou nach Peking fliegt, mit Verspätung. Wir erreichen sie im letzten Moment.

Auch im privaten Kreis werde ich häufig nach meiner Einschätzung der Verhältnisse in der Volkrepublik gefragt. Spätestens wenn ich auf die meiner Meinung nach gefährlichen Tendenzen zur Xenophobie zu sprechen komme, meldet sich, mit besten Absichten, die »Aber-bei-uns-doch-auch«-Fraktion zu Wort. Aber bei uns gibt es doch auch Ausländer-Feindlichkeit! Ja, es gibt sie; leider. Doch sie ist in der Bundesrepublik gottlob bei weitem nicht so ausgeprägt wie in China. Und sie basiert nicht auf einer kulturellen Doktrin. »Kulturalismus« nennt der französische China-Experte Jacques Gernet den chinesischen Überlegenheitsanspruch.

Wirkten meine Argumente, was die Zustände in der

Bundesrepublik betrifft, einigermaßen überzeugend, dann weichen solche Runden häufig flugs nach Amerika aus, aus der Sicht westlicher Salon-Moralisten der Schurkenstaat schlechthin. Das beliebteste Schlagwort: Rassismus. Ja, es gibt ihn in den USA. Und er existiert sicherlich in einem viel zu großen Ausmaß. Aber nach der mindestens ebenso intensiven Gegenbewegung, die zwischen Alaska und Florida gegen Rassismus ankämpft, sucht man in China, wo so etwas wie Aufklärung bestenfalls in kurzen Phasen der Geschichte aufblitzte, vergebens. Und hat in den USA im Januar 2009 nicht ein schwarzer Präsident sein Amt angetreten, den die Bürger mit überwältigender Mehrheit gewählt hatten? Manchmal beschleicht mich das Gefühl, die Amerika-Hasser sind unglücklich über dieses Resultat.

Der letzte rhetorische Strohhalm, nach dem die Verfechter der ewigen Relativierung greifen, ist der Hinweis auf die eigene deutsche Vergangenheit, die eine besondere Vorsicht bei der Beurteilung anderer Gesellschaften gebiete. Gerade dieses Erbe, so mein Gegenargument, verpflichtet zu einer erhöhten Sensibilität gegenüber repressiven Erscheinungen – und zwar wo immer man ihnen auf der Welt begegnet. Schließlich kann die totale Toleranz die totalitären Kräfte stärken.

Allerdings unterliegt auch der schärfste Kritiker der chinesischen Verhältnisse dem Gebot der Differenzierung. Zwar wurzeln die ausgeprägten Vorbehalte gegen alles Fremde in einer jahrtausendealten Tradition, doch darf man nicht übersehen, dass China vor allem im 19. und 20. Jahrhundert selbst eine Phase der Erniedrigung erlebt, die in einer Nation mit einem derartig ausgeprägten Selbstwertgefühl besonders schmerzt und die ihre Abwehrhaltung somit zumindest partiell verständlich macht.

Auch Deutschland liefert in dieser Zeit seinen Beitrag zur imperialen Arroganz. Höhepunkt ist die berühmt-berüchtigte »Hunnen«-Rede von Kaiser Wilhelm II. »Kommt ihr vor den Feind«, schwadroniert er 1900 bei der Verabschiedung eines Armeekorps, das die Ermordung eines deutschen Diplomaten in Peking rächen soll, »so wird er geschlagen. Pardon wird nicht gegeben! Gefangene werden nicht gemacht! Wer euch in die Hände fällt, sei euch verfallen. Wie vor tausend Jahren die Hunnen sich unter dem König Etzel einen Namen gemacht, der sie noch jetzt in Überlieferung und Märchen gewaltig erscheinen lässt, so möge der Name Deutschland in China auf tausend Jahre durch euch in einer Weise bestätigt werden, dass es niemand wieder in China wagt, einen Deutschen scheel anzusehen.«

Einige Zahlen dokumentieren eindrucksvoll die koloniale Fremdbestimmung, die sich auch ausbreiten kann, weil sich die von ihrer eigenen kulturellen Dominanz überzeugte Gesellschaft zu lange einer Modernisierung verschloss. 1913 existieren in China 166 vom Ausland finanzierte Unternehmen, 1936 sind es bereits mehr als 800. Ein Jahr später liegen 60 Prozent der nationalen Produktion in den Händen ausländischer Investoren, die sich auch für ihr tägliches Leben Sonderrechte herausnehmen und die Massen in boomenden Städten wie Shanghai zu Kulis degradieren.

»Das Debakel ...«, schreibt der Autor Frank Sieren über den Beginn des Niedergangs, »brannte China und seinen Herrschern eine zentrale Frage ... ins Gedächtnis, die bis heute alle politischen und vor allem auch wirtschaftlichen Entscheidungen bestimmt: In welcher Balance müssen die Abhängigkeiten vom Ausland und die Eigenständigkeit stehen, damit Einheit, Ordnung und Wohlstand in China optimal garantiert werden können?« Und: »Als China sich Ende des 20. Jahrhunderts wieder für die internationale Wirtschaft öffnete, beachteten die Politiker stets die Faustregel, dass die Preisgabe von wirtschaftlichen Chancen immer in Verbindung mit einem Machtgewinn stehen muss.«[12]

Aber reichen diese eindeutigen historischen Zusammenhänge aus, um den massiven und systematischen Diebstahl geistigen Eigentums zu rechtfertigen, den wir zu Beginn des 21. Jahrhunderts registrieren? Und hat nicht der deutsche Unternehmer recht, der im ZDF-Magazin *Frontal 21* von »organisierter Kriminalität in ganz großem Umfang« spricht.[13] Vor allem: Wo verläuft die Grenze zwischen einer echten Betroffenheit und einer Instrumentalisierung der Schuld, die fremde Mächte ohne Zweifel auf sich luden? In welchem Maße wird diese politische Hypothek also benutzt, um ökonomisches Kapital daraus zu schlagen? Aufschlussreich ist in diesem Zusammenhang ein Blick auf Chinas Beziehungen zu Japan, dessen Soldaten 1937 in Nanking unter der Zivilbevölkerung ein Massaker anrichteten.

Einen in der Zeitschrift *Merkur* publizierten Essay zu diesem Thema überschreibt der Autor Siegfried Kohlhammer mit einem Wort des Revolutionärs Mao Tse-tung: »Die Vergangenheit gebrauchen zum Nutzen der Gegenwart!«[14] Nach dieser Richtschnur, so der Verfasser, gestaltet die Volksrepublik, um sich einen Opfer-Bonus zu sichern, ihre Politik gegenüber ihrem geopolitischen und ökonomischen Rivalen. So nimmt zum Beispiel in den Lehrbüchern der Mittelschulen das Nanking-Massaker einen immer umfangreicheren Platz ein. 150 Zeilen werden ihm 1980 gewidmet, 1992 sind es bereits 520. Auch die Zahl der chinesischen Kriegsopfer erhöht sich kontinuierlich: von 9,32 Millionen im Jahr 1949 auf 35 Millionen seit 1995.

»Schon die Sechs- und Siebenjährigen«, schreibt der Autor, »lernen die Invasion und die Grausamkeit der Japaner kennen, einschließlich eindringlich-detaillierter bildlicher Darstellungen. Informationen über die Grausamkeit der Japaner erhalten die Kleinen selbst im Musikunterricht. Nachdem die Kinder gelernt haben, wie grausam die Japaner waren, erfahren sie, dass die KPC ihr Blut zur Rettung des Landes vergoss und Japan schließlich besiegte. Wenn die Kinder neun sind, lernen sie endlich die verschiedenen grausamen Methoden der Japaner kennen, Menschen zu ermorden. Über das Nachkriegsjapan erfahren sie fast nichts; Positives darüber und über die chinesisch-japanischen Beziehungen fehlt, das gilt ebenso für die japanische Entwicklungshilfe, die von keinem anderen Land übertroffen wird: Dutzende von Milliarden Krediten zu besonders günstigen Konditionen bleiben unerwähnt.«[15]

Der psychologische Effekt dieser einseitigen Darstellung liegt auf der Hand. »Er kann«, so der Autor, »... als aggressive Rechtfertigung der eigenen Politik, auch der eigenen aggressiven Politik dienen: Können denn Opfer Unrecht tun?« Und: »Die in der westlichen Öffentlichkeit oft anzutreffende Meinung, wenn nur erst jene japanischen Revisionisten zum Schweigen gebracht und stillgelegt wären, stünde einer Versöhnung der beiden Länder nichts mehr im Wege, ist naiv. Die kontinuierliche Verdammung und Demütigung eines verbrecherischen Japan vor der Weltöffentlichkeit ist eine weitaus attraktivere Option für die meisten Chinesen als eine Versöhnung.« In einer Rede vor chinesischen Diplomaten erklärt der damalige Präsident Jiang Zemin 1997 folgerichtig: »Wenn wir mit Japan zu tun haben, müssen wir beständig das Thema Geschichte betonen und dieses Thema immer wieder erörtern.«[16]

Wie stark die antijapanische Propaganda bis zur Basis durchschlägt, erlebe ich während des Sprachunterrichts, den mir eine chinesische Studentin erteilt. In der Volksrepublik ist gerade ein Zug entgleist, und unter den Opfern befinden sich auch junge Japaner. Meinem Bedauern entgegnet die junge Frau mit völligem Unverständnis. »Was? Japaner sind ums Leben gekommen? Für mich ist das ein Grund zur Freude.« Später lese ich in einer ausländischen Publikation, dass Chinesen nach dem Bekanntwerden des Unglücks auf den Straßen getanzt haben.

Nach Kräften, so der Autor Siegfried Kohlhammer, fördert China auch einen Wettbewerb, den Historiker sarkastisch eine »Olympiade der Opfer« nennen. Um auch in dieser Konkurrenz als Sieger hervorzugehen, scheut man sich nicht einmal, den Holocaust, den millionenfachen Mord an den europäischen Juden, kleinzureden. Als eine in Amerika lebende Chinesin eine Nanking-Dokumentation mit dem Untertitel »Der vergessene Holocaust des Zweiten Weltkrieges« publiziert, löst sie bei Kritikern in der Volksrepublik Begeisterungsstürme aus. Das Massaker sei, so der Tenor der Rezensionen, »einzigartig in der Geschichte der Menschheit«.[17]

Ein Erlebnis während meiner Korrespondenten-Jahre macht das Ausmaß der Verlogenheit deutlich, die der chinesischen Opfer-Strategie innewohnt. Als wir nach Dreharbeiten an der Großen Mauer zu unserem Studio zurückfahren, entdecke ich einen Wegweiser mit der Aufschrift »Shooting Academy«. Nicht ernsthaft damit rechnend, das Geheimnis hinter dieser Bezeichnung zu lüften, bitte ich unseren Fahrer, diese Richtung einzuschlagen. Vielleicht, so spekuliere ich, kann man ja einen Blick über die Mauer werfen. Aber: der Wachhabende am Eingang schlägt, nachdem er offenbar mit seinen Vorgesetzten telefoniert hat, die Hacken zusammen und lädt uns ein, uns auf dem Gelände frei zu bewegen. Mir ergeht es wie später dem hannoverschen Pipeline-Experten Eginhard Vietz, als er den Abtransport seines Tresors beobachtet. Ich komme mir bei meinen Erlebnissen in der Shooting Academy vor »wie im Film«.

Auf einem mit Stacheldraht und Wachtürmen bewehrten Areal üben sich Dutzende Männer in Phantasieuniformen im Kriegsspiel. Sie steuern Panzer durch die schlammige Furt, schleudern Handgranaten in feindliche Verstecke, durchsieben mit ihren Maschinengewehren im Winde schwankende Pappkameraden. Das Gelände gehört jener Armee, die China einst vom japanischen Joch befreite. Die Rambos, die sich hier gegen die Zahlung einiger hundert Dollar austoben und sich am Ende der Übung in Kriegsmontur fürs Familienalbum fotografieren lassen, sind japanische Rechtsradikale. In China, wo antijapanische Ausschreitungen gerade beängstigend zunehmen und wo man die Japaner als die »Teufel« schlechthin diffamiert, erlaubt man ihnen, was ihnen in ihrer Heimat verwehrt bleibt.

Ich frage bei der Kommandantur an, ob wir die Aktionen drehen können. Kein Problem, lautet die Antwort. Bei einem Bankett, das man uns zu Ehren gibt, erfahre ich den Grund für dieses unerwartete Entgegenkommen: Man hofft, dass solche Bilder auch deutsche Militaristen anlocken. Mir bietet man sogar an, mich als Akquisiteur zu betätigen. Dass ich mir diese zusätzliche Einnahmequelle entgehen lasse, stößt auf wenig Verständnis.

Die Chinesen am Tisch verstehen mich nicht – und mir fällt es schwer, ihre Gedanken nachzuvollziehen. Wir haben eine völlig unterschiedliche Sozialisation hinter uns und reden aneinander vorbei. Die einzige Möglichkeit, die Große Mauer im Kopf zu durchbrechen, ist der Blick auf das kulturelle Erbe und die Analyse der politischen und der ökonomischen Interessen. Für Journalisten und Investoren gilt das gleichermaßen. »Ach, hätte ich mich doch rechtzeitig mit China beschäftigt«, seufzt der niedersächsische Unternehmer Eginhard Vietz. »Dann wäre ich vielleicht nicht so leicht in die Falle getappt.«

Vielleicht ja auch doch. Auf jeden Fall wäre ihm nicht entgangen, dass die Nation, die von sich so sehr überzeugt ist, von denen, denen sie die Gnade einer Einladung erweist, ein Eintrittsgeld verlangt. Früher, zu Zeiten der Kaiserdynastien, nannte man es Tribut. Heute, zur Blüte des Booms, heißt es Technologie-Transfer.

5.

»Der größte Tafelsilber-Transfer aller Zeiten«

Das teure Billett zum Boom

Tiefgrüner Efeu rankt sich, als wolle er das Heim schützen gegen die Unbilden des Wetters, die Wände empor. Bienen und Hummeln umschwirren die Rosenstöcke. Hin und wieder lassen sich Pfauenaugen, die braunen Schmetterlinge mit den großen blauen Punkten, auf den Blüten nieder. Ein sanfter Wind fächert von den Höhen des Taunus erste Abendkühle auf die Terrasse.

Ach, über die Lyrik der Ming-Zeit, das Geheimnis der taoistischen Klöster oder Tuschmalerei möchte man reden, wenn man an einem solchen Tag im Sommer schon China thematisiert. Doch der Sinologe Jörg-M. Rudolph, der in Bad Homburg lebt und an der Fachhochschule in Ludwigshafen lehrt, breitet, wie verabredet, Statistik aus. Und da er zwischen 1997 und 2002 in Peking das Delegiertenbüro der deutschen Wirtschaft leitete und als Gründungspräsident der Industrie- und Handelskammer in China fungierte, haben seine Zahlen und Analysen so viel Gewicht, dass man das romantische Ambiente schnell vergisst und sich, um nur nichts zu verpassen, davor hütet, das mit Weißwein gefüllte Glas allzu hektisch zu leeren.

Zehntausende westlicher Investoren, so rechnet der in der chinesischen Kultur wie der Ökonomie gleichsam bewanderte Experte vor, haben bislang etwa 800 Milliarden Dollar in 400 000 chinesische Fabriken gepumpt und dabei, wie er hinzufügt, »Know-how jeder Art kostenlos übertragen.« Dazu kämen etwa tausend von Ausländern finanzierte Entwicklungszentren, in denen »das Tor für den Missbrauch bis zur Fertigung sperrangelweit« auf stehe. Als »Einbahnstraße« erweise sich auch die Kooperation von 130 deutschen Hochschulen mit Partnern aus der Volksrepublik. Und die 30 000 chinesischen Studenten, die gegenwärtig in der Bundesrepublik fast ausschließlich an naturwissenschaftlichen Fakultäten immatrikuliert sind und erste praktische Erfahrungen in deutschen Betrieben sammeln, stufe ihr Staat als »Auslandstruppe« ein. Daten beschaffen zum Wohle der vaterländischen Wirtschaft, laute die Order. Sie gilt offenbar auch für die chinesischen Mitarbeiter in Joint Ventures. Dort wundern sich die deutschen Teilhaber zunehmend über die rasante personelle Fluktuation. Möglichst viele einheimische Beschäftigte, so der Verdacht, sollen sich dort mit der westlichen Technologie vertraut machen, um sie später bei der chinesischen Eigenproduktion nutzen zu können.

Die in Deutschland lebenden jungen Chinesen reagieren empört, wenn man sie mit diesem Vorwurf konfrontiert. Das liegt wohl daran, dass selbstverständlich nicht jeder von ihnen die Erwartungen der Pekinger Führung erfüllt und dass viele von denen, die es tun, keinerlei Unrechtsbewusstsein dabei empfinden. Fest steht, dass bei den für dieses Delikt zuständigen Ämtern die Volksrepublik immer stärker in den Fokus gerät. Dies gilt auch für die signifikant zunehmenden Hacker-Attacken auf die Computer westlicher Regierungs- und Konzernzentralen.

»Sechzig Prozent unserer Verdachtsfälle haben inzwischen mit China zu tun«, sagt der baden-württembergische Verfassungsschutz-Chef Johannes Schmalzl in einem *SPIEGEL*-Interview. »Sie wird von Chinas Geheimdiensten«, fügt das Magazin zum Thema Wirtschaftsspionage hinzu, »nicht als

Spezial-, sondern als Standardwaffe im Kampf ums Know-how eingesetzt. Kein anderer hat nach Erkenntnissen der Verfassungsschützer solch ein dichtes Graswurzelwerk gesät, keiner fordert so selbstverständlich seine in aller Welt verstreuten Landsmänner und Landsfrauen auf, zu kopieren und zu fotografieren, zum Ruhm und Vorteil der eigenen Volkswirtschaft.«[1] Die *Berliner Zeitung* meldet: »Westliche Wirtschaftsverbände gehen davon aus, dass der Technologieklau von Peking staatlich sanktioniert ist, um chinesische Firmen zu stärken.«[2]

Dazu passt es, dass der hannoversche Unternehmer Eginhard Vietz mir während unseres Gesprächs vom Ratschlag des niedersächsischen Verfassungsschutzes berichtet, bloß keine chinesischen Praktikanten einzustellen. Letzte Zweifel räumt meine Pekinger Kollegin und Konfidentin Du Jia aus. »Ja, ich weiß es, dass im Ausland studierende und arbeitende Chinesen den Auftrag haben, westliches Know-how auszuforschen. Sie machen es für ihre Nation – und natürlich für sich selbst. Schuldgefühle sind ihnen völlig fremd.«

Der Weg zur ökonomischen und später zur politischen Weltmacht, so das Kalkül der KP-Spitze, führt nur über den Besitz von Hochtechnologie. Vor diesem Hintergrund wird das innovatorische Potential des Exportweltmeisters Deutschland automatisch zum Objekt der Begierde. »Was hier abgeht, ist eine der größten Räubereien der Menschheit«, zitiert der Autor Wolfgang Hirn in seinem Buch »Herausforderung China« einen in Peking residierenden Repräsentanten eines deutschen Konzerns. »Wir hatten keine andere Wahl«, fügt der Informant hinzu. »Wir mussten unser Know-how transferieren.«[3]

Für meinen Bad Homburger Gesprächspartner Jörg-M. Rudolph ist die kostenfreie Zufuhr von wertvollem Wissen »der größte Tafelsilber-Transfer aller Zeiten«. Den wirtschaftlichen Aufschwung hätten die Chinesen »in erster

Linie den Ausländern zu verdanken. Das war sehr pfiffig gemacht von ihnen.« Dies als Tribut zu interpretieren, auf den China ein Anrecht habe, zeuge von einer »bodenlosen Arroganz«. In welchem Maße die Volksrepublik technologisch noch immer hinter den führenden Wirtschaftsmächten hinterherhinkt, verdeutlicht ein aus Regierungskreisen stammender Vergleich: Für die Produktion von Waren im Werte von 10 000 US-Dollar benötigt man gut siebenmal so viele Ressourcen wie Japan, fast sechsmal so viele wie die USA und etwa dreimal so viele wie Indien.

Erst das Eintrittsgeld – dann der Einlass: Es ist ein Prinzip, mit dem auch ich während meiner acht Jahre als TV-Korrespondent ständig konfrontiert werde. Automatisch und mit besonderer Härte greift es, wenn wir Motive drehen wollen, die von dem kulturellen Erbe des Landes künden. In dem nordchinesischen Städtchen Qufu sollen wir damals für eine einzige Einstellung von einem Tempel umgerechnet 900 Mark zahlen. Als Geburtsort des Sittenlehrers Konfuzius hat Qufu einen besonderen Stellenwert – und daraus lässt sich, wenn ein ausländisches Team über ein solches Terrain streift, auch ein besonders hoher Mehrwert schöpfen.

Als wir in Shanghai den damaligen Berliner Regierenden Bürgermeister Eberhard Diepgen in einen historischen Park begleiten wollen, verlangt man von uns, obwohl es sich um einen offiziellen Besuch handelt und die Sequenz maximal dreißig Sekunden lang sein wird, eine Drehgebühr in Höhe von 5000 Mark. 20 000 US-Dollar, bar auf die Hand, fordert ein Agent, der uns den Zugang zu einer von einem Matriarchat beherrschten ethnischen Minderheit verspricht. In diesem Fall offenbart sich die Unverschämtheit gleich in doppelter Ausführung – gegenüber dem westlichen Korrespondenten, dem man das Geld aus der Tasche ziehen will, und gegenüber der Minorität, deren Bräuche man zur Einnahmequelle degradiert.

Je mehr es auf den Abend zugeht, desto größer wird bei einer Drehreise stets die Zahl unserer chinesischen Begleiter. Der Grund: Ein Arbeitstag endet fast immer mit einem Bankett. Die Rekordmarke erreichen wir in einem Dorf in der Provinz Sichuan, wo 34 örtliche Funktionäre auf unsere Kosten tafeln. Bei Aufnahmen in der Nähe der burmesischen Grenze sind es nicht ganz so viele Offizielle, aber dafür ist deren Verhalten umso unverfrorener. Die Einladung geht diesmal ausdrücklich von der lokalen Regierung aus – aber die Rechnung präsentiert man uns.

Nach einer Häufung solcher auf der Tribut-Tradition beruhenden Frechheiten verliert man irgendwann die Achtung – nicht vor den Wanderarbeitern, die sich in den Metropolen unter oft unmenschlichen Konditionen auf den Baustellen verdingen, nicht vor den Rechtsanwälten, die oppositionelle Intellektuelle verteidigen und damit ihre Lizenz riskieren, nicht vor den Künstlern, die ihre Kritik subtil in ihren Werken verpacken, auch nicht vor den Bauern, die ihre kargen Erträge auf den neuen privaten Märkten feilbieten, aber vor den Kadern, die diesen Bauern wie einst die Warlords willkürlich festgesetzte Gebühren abpressen und sich abends im Restaurant-Separée auf Kosten des ARD-Studios die Bäuche vollschlagen.

Als eine einzige Tour de Tribut erweist sich eine Reise, die wir für unsere Serie über den Jangtsekiang unternehmen. 44 Stunden mit der Eisenbahn liegen hinter uns, als man uns bei einem Bankett in Xining, der Hauptstadt der Provinz Qinghai, unmissverständlich eröffnet, dass die Quelle dieses Flusses für uns tabu ist. Ich weise darauf hin, dass der Ursprung eines solchen Stromes für ein Porträt unabdingbar sei und dieser Schauplatz deswegen ganz oben auf unserer ordnungsgemäß eingereichten Wunschliste stünde. Doch so sehr mein Argument auch einleuchtet – unsere Gastgeber vom Amt für Ausländer bleiben stur. Für 5000 US-Dollar haben sie, so verrät mir später unser chinesischer Dolmetscher, die Drehgenehmigung für diesen Schauplatz exklusiv an eine amerikanische Fernsehcrew verkauft. Ich frage mich in diesem Moment, wie wohl ein chinesisches Team reagieren würde, wenn ihm die Behörden in Bonn oder Düsseldorf das Drehen am Rhein mit dem Hinweis verböten, dieser Abschnitt sei bis auf weiteres einem französischen Sender vorbehalten?

In meine Erinnerung eingebrannt hat sich auch ein Dialog mit einem der uns betreuenden – und hautnah kontrollierenden – Kader. Es geht in dem Gespräch um die Rolle der Behinderten in einer Gesellschaft. Er könne nicht verstehen, warum im Westen so viel Aufhebens um diese Menschen gemacht werde, bedeutet mir der ranghohe Funktionär. Bei schwereren Fällen sei er für Euthanasie, weil der Gesellschaft auf diese Weise eine Menge unnütze Kosten erspart blieben. Auf ähnliches Gedankengut bin ich schon mal beim Durchblättern von Schulbüchern aus der Nazizeit gestoßen: Wie viele Schulen und Straßen könnte man bauen, wenn man soundso viele Geisteskranke …

Filmisch retten wir uns, indem wir eine Totale von einer Landschaft voller Rinnsale filmen, aus denen sich vermutlich auch der Jangtse speist. Aber immer wenn wir auf unserer Weiterfahrt durch die atemberaubende tibetische Bergwelt ein interessantes Motiv entdecken, verlangen unsere chinesischen Begleiter für jeden Stopp eine zusätzliche Gebühr. Da wir auf die Bilder angewiesen sind und uns unsere Aufpasser damit in der Hand haben, bleibt mir in diesem Fall nichts anderes übrig, als mich mit ihnen auf eine Pauschale zu einigen.

Nachdem der Dolmetscher unseres Studios in einem Hotel günstige Bedingungen für das Team ausgehandelt hat, wirken die Kader auf den Besitzer ein, zumindest von uns Ausländern einen höheren Preis zu verlangen. Unsere Fahrer sind

Tibeter. Ihnen ist das ewige Gefeilsche und Gezeter in dieser grandiosen, aus ihrer Sicht sakralen Umgebung dermaßen zuwider, dass mich einer von ihnen abends beiseitenimmt und mich händeringend bittet, dieses Verhalten nicht seinem Volk anzulasten.

Unvergessen bleibt mir auch der China-Besuch eines Redakteurs vom Westdeutschen Rundfunk, der dort das Programm »Die Sendung mit der Maus« verantwortet. Der Kollege nimmt an einem Wettbewerb für Kinderfilme teil und hat vorab einige Muster nach Peking geschickt. Kaum hat er sein Hotelzimmer bezogen, schaltet er eher beiläufig den Fernseher ein. Und was sieht er? Die »Sendung mit der Maus«. Ohne den WDR zu konsultieren, hat sie eine chinesische Anstalt einfach ins Programm genommen – sozusagen als Obolus für die Gnade, mit einem Beitrag im Reich der Mitte vertreten zu sein.

Weil diese Vorfälle bereits etwa zwanzig Jahre zurückliegen, habe ich zunächst gezögert, sie als Belege für eine unveränderte Tribut-Erwartung anzuführen. Was ich Ende 2008 über die China-Aktivitäten eines großen deutschen Logistikunternehmens erfahre, befreit mich von meinen Bedenken. Um ihre internationalen Aktivitäten zu dokumentieren, will die Firma eines ihrer Schiffe auch vor der eindrucksvollen Silhouette Shanghais fotografieren lassen. Sie bittet ihren Repräsentanten in der südostchinesischen Hafenstadt, die Kosten für fünf unterschiedliche Schauplätze zu eruieren. Die Antwort, die er nach seiner Recherche an die für das Projekt zuständige Kollegin in der Bundesrepublik schickt, leitet er mit den Worten ein: »Ich hoffe, Sie sitzen!«

Umgerechnet gut 100 000 (in Worten: hunderttausend) Euro verlangt die auf solche Vorhaben spezialisierte chinesische Agentur für diese im Grunde läppische Dienstleistung. Und sie besteht darauf, dass sie den Blickwinkel aussucht und nicht etwa ein angereister Fotograf. Kapitalistische Geldgier, kommunistische Kontrollwut und kulturelle Arroganz vermengen sich hier zu einer abstoßenden Offerte.

Noch heute gibt es in Peking für frustrierte westliche Journalisten und Geschäftsleute eine Art Klagemauer: die Theke von »Charlie's Bar« im Erdgeschoss des »Jianguo Hotels«. Die einen erregen sich über Schikanen und Zensur, die anderen über Produktpiraterie und Korruption oder ihre bornierten Chefs in den deutschen Zentralen. Immer wieder versuche ich damals, meine Gesprächspartner zu Statements zu bewegen, die das sich anbahnende Dilemma der deutschen Wirtschaft in China erhellen. Die meisten winken gleich ab, und die wenigen, die sich in Bierlaune dazu bereit erklären, behaupten vor der Kamera plötzlich das Gegenteil – was mich bei einer Live-Sendung für das Erste Programm in arge Schwierigkeiten bringt. Noch obsiegt die Angst, durch unbotmäßige Äußerungen einen Auftrag zu verlieren, über die Courage, die Wahrheit zu sagen.

Als sich in der Endphase des Bürgeraufstandes vom Frühjahr 1989 die Indizien mehren, dass sich die Hardliner an der KP-Spitze mit militärischer Gewalt aus der klaustrophobischen Bedrängnis befreien werden, leert sich die Bar an der Straße des Ewigen Friedens. Der philippinischen Band, die weiterhin unverdrossen »La Paloma«, die Friedenstaube, besingt, lauschen nur noch ein paar einsame Figuren, darunter auch einige Korrespondenten. Sie fragen sich, ob und wann die Investoren und ihre Repräsentanten, von denen viele das Blutbad vom 4. Juni '89 in ihrer deutschen Heimat am Fernseher erleben, zurückkehren nach China.

Am 9. Juni hält Chinas greiser politischer Lenker Deng Xiaoping im internen Kreis eine Rede, die gleichsam Härte, Selbstbewusstsein und Realitätssinn offenbart. Die oppositionellen, aber auch patriotischen Studenten, die aus seiner Sicht die ökonomischen Reformen und damit sein Lebenswerk in Gefahr brachten, nennt er »politischer Abschaum«.

Und er fügt hinzu: »Wir haben keine Angst davor, dass die Ausländer uns isolieren ... Wenn der Staat zusammengestürzt wäre, wozu hätten dann diese Investitionen, diese ganze Hilfe und der umfangreiche Außenhandel gedient? ... Sobald wir die politische Situation stabilisiert und die Wirtschaft wieder in Gang gebracht haben, werden die Ausländer zurückkommen und an unsere Tür klopfen.«[4]

Sie kommen alle zurück – die Amerikaner, die Briten, die Franzosen, die permanent verunglimpften Japaner, der Exportweltmeister Deutschland. Und da die chinesische Führung das ökonomische Reformwerk fortsetzt, buhlen immer mehr ausländische Unternehmen um die immer schmaler werdenden Marktanteile. Für die neuen chinesischen Mandarine ist das eine ideale Ausgangsposition. Schließlich belebt Konkurrenz das Geschäft – vor allem das eigene. Und: Je mehr Kandidaten um Einlass bitten, desto höher kann man den Eintrittspreis ansetzen. Und immer stärker setzt sich vor diesem Hintergrund auch bei den chinesischen Mitarbeitern westlicher Firmenrepräsentanten das Prinzip des Handaufhaltens durch.

»Ich hatte«, erinnert sich der deutsche Kaufmann Josef Koller, »in meinem Pekinger Büro einen einheimischen Vertrauten, den ich mit den Bestechungsgeldern, die man vor jedem Auftrag zahlen musste, in die Provinz schickte. Für den Direktor einer Fabrik, die von mir hydraulische Walzen kaufen wollte, machte ich einen Umschlag mit 20 000 Mark fertig. Als ich diesen Mann später irgendwo traf, beschwerte er sich über die ›lächerlichen 5000 Mark‹, die ich ihm habe zukommen lassen. Mein Kurier hatte also eindeutig 15 000 Mark für sich selbst einbehalten. Als ich ihn mal wegen seines Verhaltens tadelte, nannte er mich einen ›kolonialistischen Ausbeuter‹, der ›keine Ahnung von der chinesischen Kultur‹ habe. Na ja, und dann hat er sich noch über meinen ›vorsintflutlichen Computer‹ lustig gemacht und mir sein hochmodernes Modell gezeigt. Mir war schon klar, woher er das Geld dafür hatte.«

Dass der Preis für das Billett zum Boom von Jahr zu Jahr steigt, bekommen auch die Unternehmen zu spüren, die mit avantgardistischer Umwelttechnologie in die energiehungrige, ökologisch kurz vor dem Bankrott stehende Volksrepublik streben – wie die deutsche Windkraftindustrie, die auf diesem Gebiet zur Weltspitze gehört. Zu siebzig Prozent, so verfügt es ein chinesisches Gesetz, müssen solche Anlagen vor Ort gefertigt werden. »Unter diesen Umständen«, kommentiert der Autor Frank Sieren, »ist es nur eine Frage der Zeit, bis die Technologie von chinesischen Ingenieuren übernommen und weiterentwickelt wird.«[5]

Je mehr sich – auch in »Charlie's Bar« – die Berichte über Knebelverträge, bürokratische Schikanen, Korruption oder geistigen Diebstahl häufen, desto stärker mischen sich in die Erzählungen realistische und sogar resignative Züge. »Das Ergebnis«, bilanziert das Nachrichtenmagazin DER SPIEGEL das kostspielige Engagement in der Volksrepublik, »ist in allen Fällen das gleiche: ein Verlust an Know-how, der gerade Mittelständler mit Spitzentechnologie die Existenz kosten kann. Für diese Firmen, die gutgläubig, blauäugig und natürlich auch etwas gierig nach Fernost gegangen waren, entpuppt sich China als Pfefferkuchenhaus: Sie wollten daran knabbern, nun merken sie zu spät, dass in Wahrheit sie selbst mit Haut und Haaren gefressen werden.«[6]

Gilt das auch für die Giganten? Auf jeden Fall verfügen Konzerne wie Siemens, Bosch oder Volkswagen über die Kapitaldecke, die auf einem so umkämpften und komplizierten Markt langfristiges Agieren garantiert. Allein ihrem internationalen Renommee, das über den Rang an der Börse mitentscheidet, schulden sie es, sich in China zu engagieren. Die Formel gibt auf dem Höhepunkt der unternehmerischen Stampede nach Fernost der damalige Siemens-Chef Heinrich von Pierer vor: »Die Risiken, nicht in China zu sein, sind höher, als in China zu sein.«[7]

Dass aber auch die Multis in der Volksrepublik einen hohen Preis zahlen, schildert der niedersächsische Unternehmer Eginhard Vietz in den Mitteilungen des bildungsbürgerlich ausgerichteten hannoverschen Vereins »Convivio Mundi«. Das gediegene Blatt ist ein ungewöhnliches Forum für eine derart brisante Enthüllung. Ihre wichtigsten Protagonisten sind außer Vietz der damalige Bundeskanzler Gerhard Schröder und der mittlerweile pensionierte Siemens-Chef Heinrich von Pierer.

»Als ich mit Schröder in Peking war«, so Vietz, »saßen Schröder, Herr von Pierer und der Arbeitgeberpräsident Rogowski abends noch zusammen. An diesem Abend erzählte mir von Pierer, dass Siemens bei einem Projekt in China 16 Millionen durch Betrügereien verloren habe. Ein Jahr danach veranstaltete die *Wirtschaftswoche* ein Forum in Berlin zum Thema ›China – Gegenspieler oder Partner‹ und ich war eingeladen, einen Vortrag zu halten. Vor mir sprach Herr von Pierer, der den Mittelstand aufforderte, in China zu investieren, das sei der Markt der Zukunft. Ich begann dann meine Rede damit, Herrn von Pierer zu erinnern, was er mir damals in Peking über Verluste durch Betrügereien erzählt habe. Da sprang von Pierer auf und sagte: ›Das war eine private Äußerung, die gehört hier nicht her‹. Ich sagte: ›Sehen Sie, das ist der Unterschied zwischen einem Mittelständler und einem Konzernvertreter!‹ Alles im Raum applaudierte, Herr von Pierer hat mit mir kein Wort mehr gesprochen.«[8]

Der Disput ist ein weiterer Beleg für die mentalen und emotionalen Unterschiede zwischen Unternehmern, die noch selbst in der Fabrikhalle die Ärmel hochkrempeln und bei risikoreichen Geschäften mit ihrem eigenen Vermögen haften, und den kühlen Technokraten im Nadelstreif, bei denen die Contenance in China bisweilen die Grenze zum Kotau überschreitet. Ob es denn auf dem chinesischen Markt so etwas wie einen Klassenkampf zwischen den Giganten und den Mittelständlern gebe, frage ich den Ingenieur Eginhard Vietz. Klassenkampf? Dieser Begriff kommt dem Unternehmer, der seit 25 Jahren der CDU angehört, denn doch nicht über die Lippen. Aber sein Lächeln verrät, dass er meine Einschätzung für bedenkenswert hält. In dem Report, den der ehemalige Sinologie-Student und Joint-Venture-Manager Johann Vranic verfasst, schwingt eine Stimmung mit, die man auf dem rauen Terrain des globalen Marktes kaum noch vermutet: Melancholie.

»In den Situationen, in denen ich nicht mehr weiter wusste«, schreibt Vranic, »fragte ich mich, warum meine Firma und warum tausend andere in den letzten Jahren unbedingt nach China wollten. Und natürlich auch, warum ich von China immer so begeistert gewesen war und geglaubt hatte, durch chinesische Weisheiten selbst an Klugheit gewinnen zu können. Natürlich ist die Begegnung mit dem jahrtausendealten Kulturgut für jeden Europäer eine Bereicherung, und China hat in der Zukunft mit Sicherheit ein riesiges Marktpotential. Aber der Eintrittspreis ist nicht zu unterschätzen. Dessen Höhe erfahren leider die meisten Firmen erst dann, wenn es schon zu spät ist und es kein Zurück mehr gibt.«

6.

»Wir wollen die ganze Welt erobern«

Vom Patriotismus zum Nationalismus

Im Frühjahr 1994 hat die ARD, mein Arbeitgeber, eine kostspielige, aber journalistisch attraktive Idee. An markanten Plätzen der Städte, die sich um die Austragung der Olympischen Spiele im Jahre 2000 bewarben, postiert sie Reporter, die live über die Reaktion der Bürger auf die Entscheidung berichten sollen. Klarer Favorit ist Peking, wo mein Nachfolger mit griffbereitem Mikrophon auf die Bestätigung wartet. Ich selbst stehe am Darling Harbour im australischen Sydney, für das ich in meinem neuen Job als Korrespondent mit Sitz in Singapur zuständig bin.

»Sydney!« – Nur meine berufliche Anspannung und meine Neutralitätspflicht halten mich davon ab, mich von der Tsunamiwelle des Jubels mitreißen zu lassen, die Zehntausende von Bürgern erfasst. Die multikulturelle Metropole am Pazifik, das weiß ich von zahlreichen dienstlichen wie privaten Besuchen, wird eine heitere, unter keinerlei politischem Druck stehende Gastgeberin sein. Peking, das schließe ich aus acht Jahren Erfahrung, hätte sich in ein Potemkinsches Dorf verwandelt und der Partei als Propaganda-Bühne gedient.

Belege für diese These habe ich bereits bei den Dreharbeiten für eine meiner letzten Dokumentationen aus China gesammelt. Sie handelt von den Vorbereitungen für die Asien-Spiele, die Pekings Führung, so sicher fühlte sie sich bereits, als Generalprobe für Olympia 2000 begriff. »Nach den Panzern kamen die Pandas« lautet ihr Titel, der gleichsam an die Niederschlagung des Bürgeraufstandes und das Maskottchen für das sportliche Großereignis erinnert. In der Dokumentation kommen vor: Pädagogen, die ihre Schüler mit Stockhieben für die Begrüßung der Gäste abrichten, verzweifelte Mieter, denen man von einem Tag auf den anderen die nicht in die schmucke Umgebung passende Wohnung zertrümmerte, ein zerlumpter Wanderarbeiter, der, nachdem man ihn aus Gründen der Optik aus der Stadt wies, durch die Bergwelt bei Peking irrt, oder kommunistische Kader, die vor einem der neuen Stadien vor laufender Kamera werbewirksam Bäumchen pflanzen und dabei stark nationalistisch eingefärbte Statements abgeben. Der absurde Höhepunkt des Films: vor den alten Hofhäusern liegende Kohlehaufen, die man, damit sie das Stadtbild nicht trüben, weiß angepinselt hat.

Für die Machthaber in Peking ist die Niederlage, die ihnen das Olympische Komitee damals vor den Augen der ganzen Welt zufügt, eine Katastrophe. In ihrer Reaktion vereinen sich Selbstmitleid, Überheblichkeit und unterschwellige Drohung zu einer brisanten Mixtur. »Wir werden«, kommentiert die parteiamtliche *Jugendzeitung*, »den Schmerz dieser Kandidatur nie vergessen. China wird täglich stärker, so dass gewisse Mächte sich ducken und zittern und Angst haben.« Mir drängt sich, als ich das an meinem Schreibtisch in Singapur lese, zum ersten Mal eine Frage auf, die mich bis heute beschäftigt und die auch für die wirtschaftlichen Beziehungen zwischen China und Deutschland von Belang ist: Entsteht in dieser von ihrer Überlegenheit überzeugten Gesellschaft ein aggressiver, womöglich unkontrollierbarer Nationalismus?

Als ich im Frühjahr 1999 von Hamburg, wohin ich mittlerweile zurückgekehrt bin, nach Peking reise, um meinen

Film zum zehnten Jahrestag der Niederschlagung des Bürgeraufstandes zu drehen, habe ich, was nationalistische Aufwallungen betrifft, ein Schlüsselerlebnis. Es bildet den Auftakt zu einer Kette von Irritationen. Unversehens gerate ich damals erneut in eine von studentischem Protest aufgeladene Atmosphäre; doch diesmal demonstrieren die jungen Leute nicht gegen korrupte Kader oder für mehr Bürgerrechte, sondern gegen die USA, die während des Kosovo-Krieges innerhalb ihres NATO-Engagements die chinesische Botschaft in Belgrad bombardiert haben. Ob dies, wie Washington behauptet, versehentlich geschah, oder ob es sich, was unwahrscheinlich ist, um eine gezielte Aktion handelt, ändert wenig an der Berechtigung des Protestes. Was aber nicht nur mir Angst macht, ist das Ausmaß einer Aggressivität, die sich mehr und mehr pauschal gegen den »Westen« richtet und die vom Staat anfangs offenbar geduldet, wenn nicht sogar geschürt wird. Im Frühjahr 1989 handelte es sich um einen durch aufklärerische Elemente gezügelten Patriotismus. Nur eine Dekade später schlägt er bei der gleichen gesellschaftlichen Gruppierung in einen militanten Nationalismus um.

Ein deutscher Zeitungskorrespondent wird wegen seiner Herkunft verprügelt. Ein Taxifahrer entführt einen westlichen Fahrgast an den Stadtrand und setzt ihn dort auf freiem Feld aus. Die Proteste erreichen zwar bei weitem nicht die Dimension der fremdenfeindlichen Pogrome während der Kulturrevolution, als manche der bedrängten Ausländer sich lieber umbrachten als sich lynchen zu lassen. Doch eine Ahnung von dieser Raserei vermittelt so manches fanatisierte Gesicht im Frühjahr 1999 durchaus.

Uns journalistischen Beobachtern drängt sich in diesen von Hass erfüllten Tagen der Eindruck auf, dass die 1989 in arge Bedrängnis geratene KP das Bombardement von Belgrad dazu benutzt, um ein für ihre Zukunft existentiell wichtiges Planspiel durchzuziehen: Lässt sich das Protestpotential, so die strategische Fragestellung, vom Parteiapparat fernhalten, indem man es auf ein äußeres Ziel lenkt? Zwar hat die Führung am Ende einige Mühe, die Geister, die sie rief, zu pazifizieren, doch weiß sie nach diesem zynischen Experiment: Sie kann diese Kräfte jederzeit mobilisieren und, wenn es um die nationale Sache geht, auch große Teile der Intelligenz hinter sich scharen.

Was schon für das Aufbegehren von 1989 galt, trifft auch auf die Proteste von 1999 zu: Sie beschränken sich keineswegs auf die politisch besonders sensible Hauptstadt. Johann Vranic, vor zehn Jahren mein Mann auf dem Campus, baut gerade sein württembergisch-chinesisches Joint Venture auf, als in Jinan, der Industriestadt am Gelben Fluss, die Stimmung kippt. In seinem Report »Staubige Seide« berichtet er:

»Im Mai, als das Wetter erträglicher wurde und ich glaubte, zu den einzelnen Mitarbeitern Vertrauen aufgebaut zu haben, schlugen die NATO-Raketen in die chinesische Botschaft in Belgrad ein. Meine wochenlange Vertrauensarbeit war mit einem Schlag zerstört. Die Chinesen hielten jetzt fester zusammen denn je und begegneten mir nicht nur auf der Straße, sondern auch in der Firma distanziert und misstrauisch. ›Ich bin nur ein kleiner Firmenangestellter und habe mit der NATO wirklich nichts am Hut‹, dachte ich. Viele sahen in mir aber einen NATO-Vertreter, der nach Ex-Jugoslawien auch sie knechten und unterwerfen wolle.«[1]

Der Vergleich, den Vranic zwischen den beiden von ihm hautnah miterlebten Protestbewegungen zieht, bestätigt deren fundamentalen Unterschied und auch die Erkenntnis, dass sich die Partei bei Bedarf auf das xenophobische Sentiment der Bevölkerung verlassen kann. »1989«, so der Manager, »hatte ich nie Angst um meine Person ..., denn es war ein interner Konflikt ... und Ausländer hatten sich in Sicherheit wiegen können. Jetzt dagegen war der Unmut ausschließlich gegen uns gerichtet ... Die Stimmung auf der Straße und auch in der Firma verschlechterte sich von Tag zu Tag. Die NATO-Partner, damit war fast jeder Ausländer in China gemeint, verkörperten nicht mehr die Träger von Technologie und Know-how, mit dessen Hilfe China eine Weltmacht werden wollte, sondern galten plötzlich wieder als Kolonialisten.«

Im Sommer 2004 ist es der Austragungsmodus der asiatischen Fußballmeisterschaft, der eine brisante politische Konstellation heraufbeschwört. Im Pekinger Arbeiterstadion empfängt China den Erzrivalen Japan. Es beginnt damit, dass die chinesischen Fans demonstrativ sitzen bleiben, als die japanische Nationalhymne erklingt. Während des Spiels skandieren sie: »Nieder mit den japanischen Piraten!« Nachdem der Gast 3:1 gesiegt hat, demolieren sie ein Auto der japanischen Botschaft. Schon während der Vorrundenspiele hat man japanische Fahnen verbrannt und Anhänger des Gegners mit Gemüse beworfen. Die Ordnungskräfte, die gegen die innere Opposition mit brachialer Härte vorgehen, schauen bei den Ausschreitungen weg oder greifen aufreizend zögerlich ein.

»Angriff aus Fernost« benennt das Nachrichtenmagazin *DER SPIEGEL* Mitte September 2006 eine Titelgeschichte, in der es auch um den nationalistischen Impuls hinter Chinas Streben nach der wirtschaftlichen Weltmacht geht. Ein Schweizer Manager wird in dem Report mit einer Einschätzung zitiert, der auch seine deutschen Kollegen alarmiert haben dürfte. »Die westlichen Industrienationen«, so Philipp Vorndran, Chefstratege der Bank Credit Suisse, »haben ihr Know-how zum großen Teil an China weitergegeben und damit ihre Aufgabe erfüllt. Sie werden bald nicht mehr gebraucht.« Und was den Kampf um die internationalen Märkte und Ressourcen betrifft, prophezeit er: »Ein Angriff aus China ist nur eine Frage der Zeit.[2] Der Publizist Joe Studwell warnt: »China wird für viele westliche Unternehmen das sein, was Vietnam für das amerikanische Militär war.«[3]

In dem Report wird auch über einen süddeutschen Produzenten von Brillenscharnieren berichtet, der ein chinesisches Unternehmen wegen Produktpiraterie verklagte. Die fernöstliche Firma kontert mit einer Kampagne, die den Deutschen unterstellt, den Aufstieg Chinas »hintertreiben« zu wollen. Wenig später läuft im TV-Sender *ARTE* ein Beitrag über eine Fabrik, die Fernsehgeräte produziert. Die Aufschrift auf einem ihrer Spruchbänder lautet: »Unser Land soll reicher werden. Wir wollen die ganze Welt erobern.«[4]

Nachdem der *SPIEGEL* im August 2007 seine Titelgeschichte über die »gelben Spione« publiziert hat, kommt es zu einem Novum innerhalb der deutsch-chinesischen Beziehungen. In der Bundesrepublik lebende Chinesen versammeln sich vor einem Verlagshaus zu einer Demonstration gegen Journalisten, denen sie eine Verletzung ihrer nationalen Gefühle vorwerfen. In der in Berlin erscheinenden Zeitschrift *Das neue China* rückt die Autorin Zhou Jian ihre deutschen Kollegen sogar in die Nähe der Nazis.[5]

»Solche Verdächtigungen und Anmaßungen gegen asiatische Aufsteiger«, schreibt sie, »kommen aus einer ›gebräunten‹ Überheblichkeit und entstammen gesellschaftlichen Vorurteilen, deren Wurzeln zum Teil in den Resten vorgestriger Kolonialherrschaftsideologie der westlichen Wohlstandsgesellschaften zu suchen« seien. Solche Journalisten könnten »sich nur vorstellen, an den Stränden der Entwicklungsländer Urlaubskönige zu spielen, statt die aufstrebenden Wettbewerber als gleichberechtigt anzuerkennen und zu respektieren … Man muss wachsam bleiben, da ›gebräunte‹ Ressentiments auch schnell ins Braune umschlagen können.«

Wo über Jahre das Streben nach Harmonie die Beziehungen prägte, stehen die Zeichen plötzlich auf Konfrontation.

Was das China im Grunde freundlich gesonnene Blatt nur ein paar Seiten nach der Tirade veröffentlicht, nimmt sich wie ein inhaltlicher Gegenschlag aus. Er stammt von einer deutschen Autorin, die in ihrer chinesischen Wahlheimat wachsam den Alltag beobachtet – und dabei auf wirklich alarmierende Tendenzen stößt:»Allgemeinplätze und Bildungslücken bei den Pekinger Taxifahrern«, berichtet die Reporterin Olivia Kraef,»sollten nicht überraschen, aber die Aussage, die ich übrigens des Öfteren höre, dass Adolf Hitler ein Held gewesen sein soll, die konnte ich nie verkraften.«[6]

Im aktuellen chinesischen Geschichtsbewusstsein, so die Autorin, reihe sich ein Diktator wie Hitler »in die lange Schlange der famosen heimischen Kriegsherren ein. Diesen Herren ist gemeinsam, dass sie ihr Handwerk verstanden und mittels ihrer Kriegsführung ihrem Reich zu Ruhm, Ehre und Expansion verhalfen.« Dazu passt es, dass im chinesischen Fernsehen, wie die Reporterin berichtet, affirmative Dokumentationen über die Feldzüge der Deutschen im Zweiten Weltkrieg laufen. Dies beeinflusse nicht nur das Denken eines durchschnittlichen Taxifahrers, sondern »leider auch immer mehr das von Leuten, die es eigentlich aufgrund ihres Bildungsgrads besser wissen müssten«.[7]

Bad Homburg, im Juni 2008. Der Sinologe und frühere Pekinger Wirtschaftsrepräsentant Jörg-M. Rudolph berichtet während unseres Gespräches auf seiner Terrasse von einem Erlebnis, das er kürzlich bei einem Besuch in Shanghai hatte. »Ich saß in einem Restaurant und entdeckte einen jungen Mann, der wie selbstverständlich eine SS-Jacke trug. Ich will daraus keine voreiligen Schlüsse ziehen. Aber ich weiß, dass in China die absolute Bewunderung der Stärke weit verbreitet ist.« (In diesem Moment ist noch nicht bekannt, dass sich in China ein Buch als Bestseller verkauft, das »den Juden« die Schuld an der internationalen Finanzkrise gibt.)

»Die Kette der emotionalen Bindung an einen Staat«, nehme ich den Gedanken meines Gastgebers auf, »beginnt mit dem Patriotismus, der harmlos bleibt, vielleicht sogar positiv zu bewerten ist, solange er sich mit Toleranz und Aufklärung verbindet. Es folgt der weitaus gefährlichere Nationalismus, dann der Chauvinismus und schließlich der ...« Ich wage es nicht, die nächste Stufe zu benennen, weil mir diese Vorstellung Angst bereitet und weil ich die Verantwortung für eine derartig brisante Spekulation scheue. Ich reiche sie, indem ich meinen Satz abbreche, an meinen Gesprächspartner weiter. Natürlich ist ihm klar, wo meine Deklination enden würde. Er kommt mir, ebenfalls zögernd, mit der ersten Silbe entgegen: »Fa...«

Nach einem ablenkenden Blick auf die in sommerlicher Pracht blühenden Blumenarrangements ergänze ich: »schis...«

Er vollendet: »mus«.

Faschismus. Wir haben den Begriff gemeinsam zusammengepuzzelt. Nun müssen wir dazu stehen und darüber reden.

»Glauben Sie«, frage ich, »dass die nationalistischen Tendenzen sich unter bestimmten Bedingungen in diese Richtung bewegen könnten?«

»Auf jeden Fall ist auch offiziell wieder von der ›großen Volksgemeinschaft‹ die Rede. Und im Zusammenhang mit der olympischen Fackel spricht man vom ›heiligen Feuer‹. Im Übrigen wurde bereits in den neunziger Jahren der ›gelbe Kaiser‹ wieder ausgegraben, der mystische Gründer des Reiches. Noch mag sich dieser Geist unter dem Deckel befinden und nur sporadisch hervorkommen. Aber wenn der Deckel weggezogen wird – dann Gnade Gott! Man sollte aufmerksam die Spiele in Peking beobachten. Sie dürften Aufschluss geben über die ideologische Entwicklung in den nächsten Jahren.«

7.

»Die sind grässlich, das sind Schläger!«

Testfall Olympia

Der Transport des »heiligen Feuers« wird für China zum Spiel mit dem Feuer. Die Flamme passiert auch Länder mit diametral unterschiedlichen Wertvorstellungen – und da die Volkrepublik gerade einen Aufstand der Tibeter niedergeschlagen hat, nutzen viele westliche Bürger den Fackellauf zum Protest gegen die Unterdrücker und ihre olympischen Ambitionen. Eine an den Hängen des Himalaya siedelnde oder nomadisierende Minderheit verdirbt also dem großen Volk der Chinesen die Ouvertüre zu einem Festival des nationalen Stolzes.

Die Geister, die der Gewalt aus den Gewehren verbale Salven folgen lassen, braucht die Partei in diesem Fall nicht zu rufen. Sie hassen von ganz allein. Ihr wichtigstes Medium ist das Internet, dessen sich Dissidenten nur mit List bedienen können, das dem Chauvinismus aber offenbar zur freien Verfügung steht. Es sei richtig von der Regierung, »diesen Krebstumor herauszuschneiden«, kommentiert einer der Blogger die Niederschlagung. »Wenn ihr euch schlecht benehmt, dann nehmen wir eure Kultur und stellen sie ins Museum«, heißt es an anderer Stelle. »Warum reden wir überhaupt?«, fragt ein Chinese. »Separatistischer Müll sollte getötet werden. Und wenn wir eines Tages Demokratie haben, dann will ich die Nationalisten an der Macht sehen.« Auch gegen die

Ausländer richtet sich eine Attacke. Sie seien allesamt »gehirngewaschen«.

Das ist aus chinesischer Sicht also auch der Kameramann Michael Moennich, mit dem ich während meiner Korrespondentenjahre in Singapur zusammengearbeitet habe und der später als freier Produzent nach Peking ging, von wo er für europäische Fernsehanstalten fast den gesamten asiatischen Raum bereist. Als die olympische Fackel durch die thailändische Metropole Bangkok getragen wird, beobachtet er die Szene vom Straßenrand. »Eine noch sehr junge Thailänderin«, berichtet er, »hielt ein Plakat mit der Aufschrift ›Free Tibet!‹ hoch. Als Chinesen, die als Claqueure aus der Volksrepublik eingereist waren, das sahen, stürzten sie sich auf sie und prügelten sie fast tot.«

Ein ähnliches Horror-Szenario, so mein ehemaliger Kollege, spielt sich in San Francisco ab. »Eine in Amerika studierende Chinesin wollte während des Fackellaufs einen Streit zwischen rivalisierenden Demonstranten schlichten. Sie wurde von Festlandschinesen fotografiert und als ›Verräterin‹ ins Internet gestellt – mit ihrem Alter und der Adresse ihrer Eltern in Qingdao. Ihr Vater und ihre Mutter wurden anschließend auf der Straße beschimpft, und Scheiben ihrer Wohnung gingen zu Bruch.« Nur knapp ein Jahr später schickt mir der Kollege, der mal voller Begeisterung nach China ging, eine Mail, die er mit »Bye, bye Peking« überschreibt. Der Hintergrund: Als er kurz vor dem 20. Jahrestag des Massakers am 4. Juni 89 auf dem Platz des Himmlischen Friedens ein Statement aufnehmen will, wird er, obwohl er sich ausweisen kann, vom Geheimpolizisten verhaftet. »Diese Hetzjagd«, schreibt er, »war fast wie in der Kulturrevolution. Das war das Übelste, was ich jemals erlebt habe. Mein Leben ist mir nun zu schade, um es in China zu verschwenden.«

In der vorolympischen Euphorie, die fast das ganze Land erfasst, fühlt sich die Pekinger Führung so stark, dass sie sich eine Weltpremiere an politischer Unverfrorenheit leistet. Sie rekrutiert aus einem Eliteregiment der paramilitärischen Volkspolizei eine besonders robuste Truppe von dreißig Mann, nennt sie »Einheit zum Schutz der heiligen Flamme« und schickt sie in blauen Trainingsanzügen um den halben Globus. Dass ein sportliches Outfit nicht ausreicht, um einen im chinesischen Kampfsport geschulten Trupp zu besänftigen, belegen Zeugenaussagen aus London, dem Austragungsort der Spiele von 2012.

»Die sind grässlich, das sind Schläger«, zürnt zum Beispiel Lord Coe, Vorsitzender des britischen Olympischen Komitees. »Dreimal haben sie versucht, mich aus dem Weg zu räumen.«[1] Die englische Fackelträgerin Konny Huq, eine TV-Moderatorin pakistanischer Herkunft, erregt sich: »Sie waren wie Roboter, rissen ständig meinen Arm mit der Fackel hoch und schnauzten Kommentare wie ›Lauf!‹ oder ›Stopp!‹ Ich fragte mich, wer sind die eigentlich?«[2]

Ein Kollege der Ansagerin, der aus Shanghai für den Londoner Sender BBC berichtet, sieht sich, während die Schutzstaffel aus der Volksrepublik mit roher Gewalt das Erlöschen des »heiligen Feuers« verhindert, ständigem Psycho-Terror ausgesetzt. Wegen eines kritischen Reports erhält er so viele Morddrohungen, dass er seine Telefonnummer ändert. Als es der ebenfalls in Shanghai residierende *SPIEGEL*-Korrespondent Wieland Wagner wagt, sogar in seine Berichterstattung über die Folgen des verheerenden Erdbebens in der Provinz Sichuan ein paar kritische Bemerkungen zu mischen, stellen regimetreue Blogger seine Adresse und ein Foto von ihm ins Netz. Dazu heißt es: »Lasst uns auf Menschenfleisch-Jagd gehen, ihn fassen und aus China hinauswerfen.«[3]

Die Menschenrechtsorganisation »Amnesty International« klagt zur gleichen Zeit über verstärkte Verhaftungen von chinesischen Intellektuellen, die in dieser Atmosphäre den Mut aufbringen, am Sinn des bevorstehenden Hochamtes der

Gigantomanie zu zweifeln. »Es wird immer klarer«, heißt es in einem Report, »dass ein großer Teil der gegenwärtigen Repressionswelle nicht trotz der Olympischen Spiele, sondern gerade wegen ihnen geschieht.«[4] Die Organisation beschwert sich über eine Blockade ihrer Internetseiten, das internationale Pressecorps über seine Aussperrung von der feierlichen Fackelübergabe am Mount Everest. Fernsehanstalten sind auf die geschönten Bilder angewiesen, die ihre chinesischen Kollegen von der Zeremonie drehen. Die englischsprachige Zeitung *China daily* begeistert sich derweil: »Wir können heute jedem Land der Welt von Gleich zu Gleich gegenübertreten ... Und, wichtiger noch, wir können auch unseren Vorfahren geradewegs in die Augen blicken.«[5] Aus anderen Quellen geht hervor, dass in der Volksrepublik zwei neue Vornamen in Mode gekommen sind: »Aoyun« (Olympische Spiele) und »Guoqing« (Gefeiert sei die Nation).

8. August 2008, acht Uhr acht, abends. Zu einem nach der chinesischen Zahlenmystik idealen Zeitpunkt blickt die Welt auf Peking. 5000 Jahre Geschichte werden ihr bei der perfekt organisierten, immer wieder an die Ästhetik Leni Riefenstahls erinnernden Eröffnungsfeier vor Augen geführt. Während auf dem Rasen in fast jeder Sequenz das Individuum in der Masse aufgeht, verdient sich die deutsche Bundeskanzlerin Angela Merkel gerade Gold in der Disziplin »politische Courage«. Im Gegensatz zum amerikanischen Präsidenten George W. Bush und seinem französischen Kollegen Nikolas Sarkozy, die ihre Überzeugungen auf dem Altar ökonomischer Interessen opferten, bleibt sie der monströsen Show fern – und prompt wird dafür die deutsche Wirtschaft abgestraft.

Eines der Opfer ist, ausgerechnet, der hannoversche Pipeline-Experte Eginhard Vietz, dem schon die Produktpiraten so übel mitspielten. In einem Interview mit der Wochenzeitung *DIE ZEIT* verrät er: »Ich war vergangene Woche bei einem Kunden von uns, einer Unterorganisation der China National Petroleum Corporation. Das ist einer der drei größten chinesischen Ölkonzerne. Die haben von uns vor einigen Jahren für 3,8 Millionen Euro Geräte gekauft und brauchen jetzt Ersatzteile. Bei dem Verhandlungsgespräch kamen sie auf Olympia zu sprechen. Sie sagten, sie seien maßlos verärgert, dass Merkel nicht zu den Spielen gekommen ist. Gleichzeitig haben sie von ihrer Zentrale die Anweisung bekommen, sie sollen bis auf weiteres keine Geschäfte mehr mit den Deutschen machen, sondern in Frankreich und den USA kaufen. Wir haben den Auftrag also nicht bekommen.«[6]

Vom Auftakt bis zur Schlussfeier offenbart sich das rigorose nationale Reinheitsgebot der Spiele, denen die deutsche Regierungschefin fernblieb. Das für die Eröffnungshymne vorgesehene Mädchen wird auf Drängen eines Politbüromitglieds im letzten Moment zurückgezogen. Die Begründung: Sie ist nicht hübsch genug. Stattdessen bewegt ein Kind mit Grübchen im Mondgesicht und geraderen Zähnen seine Lippen zur »Ode an das Mutterland«, die per Playback eingespielt wird. Auch die spektakulären Bilder, die das staatliche Fernsehen von dem über Peking explodierenden Feuerwerk in alle Welt überträgt, sind nicht echt, sondern digital manipuliert. »Olympische Tricks – die Goldmedaille geht an China«, meint das *Hamburger Abendblatt.*[7] Ein Kommentar der *Washington Post* gibt eine in der westlichen Welt weit verbreitete, die chinesischen Gastgeber deswegen zutiefst beleidigende Position wieder: »Keine Demokratie könnte oder sollte das Geld und die Manpower investieren, die in die feuerwerkspeiende Vergötterung des Nationalstolzes sowie die Selbstbeweihräucherung der Kommunistischen Partei geflossen sind.«[8]

Fünf Tage dauert es, bevor die Organisatoren einen schweren Unfall bei den Proben zur Eröffnungsfeier einräumen. Eine populäre Balletteuse, so der Hergang, fällt von einer

Plattform in die Tiefe und zieht sich dabei eine Querschnittslähmung zu. Auf einem in der Klinik aufgenommenen Foto formt sie lächelnd das V-Zeichen. »Ich bin um Olympia willen gestürzt«, wird sie von den staatlichen Medien zitiert. »Ich bereue nichts.« Ebenfalls um Olympia willen vertuschen die Behörden wochenlang den Skandal um vergiftetes Milchpulver, der vier Säuglinge das Leben kostet und 600 weitere Kleinkinder erkranken lässt.

Eine Meisterleistung in der Disziplin Tarnen und Täuschen vollbringen die Organisatoren im Zusammenhang mit dem Marathonlauf, einem der Höhepunkte der Spiele. Gut 42 Kilometer führt er mitten durch die Hauptstadt, die sich somit dem kritischen Blick des globalen Publikums ausgesetzt sieht. Es bekommt eine heile Welt vorgeführt. Dichte, buntbemalte Wände verstellen den Kameras die Sicht auf die Schandflecke der City. Viele der alten Hofhäuser wurden dem Erdboden gleichgemacht, künstlich angelegte Parks mit Rollrasen und Bäumen ausgestattet, die man anderswo gerodet hatte. Das Wasser, das die Anlagen im Übermaß verbrauchen, wird Provinzen abgezogen, die unter Wassermangel leiden.

Die in aller Welt bewunderten »freiwilligen Helfer« entpuppen sich bei genauerem Hinsehen häufig als Beamte der Staatssicherheit oder pensionierte Polizisten. So mancher der bei der Eröffnungsfeier in bunten Trachten auftretenden »Tibeter« gehört dieser ethnischen Gruppe überhaupt nicht an. Auch die eilig eingerichteten »Protestzonen«, die westlichen Besuchern demokratischen Fortschritt suggerieren sollen, erweisen sich als Potemkinsche Areale.

Die chinesische Führung hat solche Inszenierungen in den Jahren zuvor bis in die kleinsten Details eingeübt. So statten im Februar 2001 Funktionäre des Olympischen Komitees Peking einen Besuch ab, um seine Olympiatauglichkeit zu prüfen. Bevor sie mit ihren Limousinen durch die Metropole rasen, bespritzen Wanderarbeiter die winterlich braunen Grashalme mit knallgrüner Farbe. Und vor den Luxushotels der Honoratioren blühen zu Pekings kältester Jahreszeit die Büsche.

Sportliche Niederlagen geraten vor diesem Hintergrund zur nationalen Schande.

Als die Fechterin Li Na 2008 statt auf dem obersten Treppchen lediglich auf Platz vier landet, verkriecht sie sich heulend in die äußerste Ecke der riesigen Halle und wendet sich später an ihr Volk: »Ich wollte Gold, und ich habe versagt. Verzeiht mir.« Auch chinesische Sportler, die im Ausland als Profis ihr Geld verdienen, werden aus der Heimat genauestens beobachtet. »Wenn ich versage«, gesteht der in den USA tätige Basketballspieler Yao Ming, »denken meine Landsleute, sie hätten auch versagt. Manchmal ist der Druck so groß, dass ich beim Freiwurf stehe und merke, wie sich mein Hals zuschnürt. Ich kann dann kaum noch atmen. Ich bin jetzt 26, und in meinem Leben geht es nur darum, Erwartungen zu erfüllen.«[9]

Mit dem Status des nationalen Helden ehrt die KP bereits vor der Eröffnung der Olympischen Spiele den Hürdenläufer Liu Xiang. Sein Verdienst: Er siegte bei den Spielen in Athen und brach in dieser Disziplin die Vorherrschaft des Westens. Er wird zum Abgeordneten der politischen Konsultativkonferenz ernannt und nimmt am Ende des Fackellaufs aus den Händen von Staats- und Parteichef Hu Jintao das »heilige Feuer« entgegen. Monatelang hämmert das chinesische Fernsehen seinen Zuschauern ein, Liu werde im Pekinger Oval, das bezeichnenderweise nicht Olympia-, sondern Nationalstadion heißt, seine »Krone verteidigen«.

Der Heros gibt nach wenigen Metern auf. Er ist verletzt. »Die Stimmung im Land ... erinnerte an Staatstrauer«, notiert am Tag danach der *Süddeutsche Zeitung*-Korrespondent Henrik Bork. »Liu Xiang hat China und die Chinesen

gedemütigt«, zitiert der Reporter pars pro toto einen ver-
zweifelten Zuschauer. »Die Art und Weise«, so Bork, »wie
die kommunistische Partei Liu Xiang aufs Podest gehoben
hat, wie sie ihn politisch geadelt hat und seine Siege zu ihren Siegen gemacht hat, geht weit über das hinaus, was die
Massenmedien mit Spitzensportlern in westlichen Ländern
veranstalten. In China ist der Nationalismus, für den Sportler wie Liu Xiang als Projektionsfläche und Motor zugleich
benutzt werden, inzwischen zur wichtigsten staatstragenden
Ideologie geworden ... Wachstumsrekorde und sportliche
Rekorde, das ist alles, was noch zählt.«[10]

Wachstumsrekorde in der Wirtschaft erreicht man nur
durch Spitzenleistungen in einer kaufmännischen Disziplin:
dem Verhandlungsgeschick. Und auf diesem Gebiet macht
den Chinesen keine Nation die Goldmedaille streitig – nicht
einmal annähernd.

III.
LIST UND LÜGE

8.

»Du musst heiß sein
wie eine Kampfgrille«

Wie man den Tiger vom Berg lockt

Es gibt Experten, die sich so sehr in ihr Gebiet vertiefen, dass sie auf dem Höhepunkt ihrer Erkenntnisse über kein anderes Thema mehr reden können. Einen solchen Menschen macht die Regie der Etikette bei einem Abendessen in der Schweizer Botschaft in Peking zu meinem Tischnachbarn. Der Sinologe Harro von Senger, der an der Universität in Zürich lehrt, hat sich auf chinesische Kriegslisten spezialisiert. »Strategeme« nennt er sie. »Sie sind«, beendet er sein von der Vorsuppe bis zum Dessert reichendes Referat, »einer der Schlüssel zum Verständnis der chinesischen Gesellschaft. Auch westlichen Journalisten und Investoren rate ich dringend, sie intensiv zu studieren.«

Zwei Jahrzehnte nach dem lehrreichen Dinner beherzige ich endlich diesen Rat und kämpfe mich durch die 1261 Seiten der beiden Bände, in denen der Wissenschaftler die 36 Kriegslisten, die er in China sammelte, ausbreitet und kommentiert. Ihren Grundstein legte im 4. Jahrhundert der begnadete Stratege Sun Zi, dessen Credo lautete: »Wer den Gegner und sich selber kennt, wird in hundert Schlachten siegreich bleiben.« Seine Anleitungen werden in China noch heute durch Massenpublikationen wie Comicstrips in Millionen-Auflagen verbreitet und gehören, so ihr Übersetzer und Interpret, »zum Allgemeinwissen eines Mittelschülers«.

Die 36 Strageme sind auch beliebte Motive auf Wandbehängen, Kalendern oder Spielkarten. Sie durchdringen mithin den Alltag der Menschen, beeinflussen ihr Denken, ihr Handeln, ihre Mentalität. Es ist, so mein Eindruck nach der Lektüre der Sammlung, ein perfekter Mix aus Schlichtheit und Raffinement, der diese Kriegslisten zu einer allen anderen Systemen überlegenen Waffe macht.

»Die Strageme«, heißt es in einer in Taiwan herausgegebenen Publikation, »gleichen unsichtbaren Messern, die im Gehirn des Menschen verborgen sind ... Wer sich in der Anwendung der Strageme versteht, vermag eine geordnete Welt ins Chaos zu stürzen oder eine chaotische Welt zu ordnen, er vermag am heiteren Himmel Sturm und Donner zu erzeugen, ihm gelingt es, Armut in Reichtum, Missachtung in Ansehen und die hoffnungsloseste Situation in eine lichte Lage zu verwandeln ... Das menschliche Leben ist Kampf, und im Kampf braucht man Strageme ... Ein kurzer Augenblick der Unachtsamkeit, und schon wird einem irgendetwas, das man besitzt, von einem anderen weggeschnappt. Doch wer die Strageme einzusetzen versteht, wird stets die Initiative in der Hand behalten. Ob in den Palästen oder in den Hütten, die Strageme sind überall verwendbar.«[1]

Einen plastischen Eindruck von ihrem Charakter vermittelt die List Nummer 7. Ihre Programmatik lautet: »Aus einem Nichts etwas erzeugen.« Was dies in der Praxis bedeutet, illustriert in dem Buch des Schweizer Wissenschaftlers eine Episode aus der von militärischen Auseinandersetzungen geprägten Geschichte Chinas:

»Zur Zeit der Tang-Dynastie, im Jahre 756 vor Chr., rebellierte der Militärgouverneur An Lushan ... in der Gegend des heutigen Peking. Zu den Aufständischen gehörte auch der General Ling Huchao. Er belagerte die Stadt Yongqiu. Der die Stadt mit einer geringen Zahl von Soldaten und Waffen verteidigende kaisertreue General Zhang Xun ... befahl seiner Truppe, etwa 1000 mannsgroße Puppen herzustellen, mit schwarzen Gewändern zu bekleiden, an Stricken zu befestigen und während der hereinbrechenden Nacht außen an den Stadtmauern hinuntergleiten zu lassen. Die aufständischen Soldaten, die die Stadt belagerten, wähnten, es handele sich um Soldaten, die die Stadtmauer herunterkletterten. Ein Hagel von Pfeilen prasselte auf die Strohpuppen nieder. Zhang Xun ließ die Strohpuppen wieder hochziehen und erbeutete so mehrere tausend Pfeile.

Wenig später ließ Zhang Xun echte Soldaten die Stadtmauern hinunterklettern. Ling Huchao und seine Leute glaubten, der Gegner wolle wieder mit Strohpuppen Pfeile erbeuten. Daher reagierten sie diesmal mit höhnischem Gelächter. Irgendwelche Vorbereitungen zum Kampfe trafen sie nicht. Die 500 Mann starke Freiwilligentruppe des Zhang Xun überfiel blitzartig das Lager des Ling Huchao, setzte die Zelte in Brand, tötete einen Teil der Belagerer und trieb den Rest in alle Himmelsrichtungen.«[2]

Auf scheinbar verlorenem Posten stehen – und trotzdem siegen. Es ist nicht verwunderlich, dass die strategischen Rezepte, die Schwäche in Stärke verwandeln, in einer Überlebensgesellschaft wie der chinesischen völlig frei sind vom Ruch der Hinterlist und der Gemeinheit. Während dem Begriff »List« im westlichen Kulturkreis zumindest unterschwellig auch etwas Negatives anhaftet, hat er in der chinesischen Sprache die gleiche Bedeutung wie »Weisheit«, »Klugheit« und »Wissen«. Und wo strategische Normen so fest im Bewusstsein und Unterbewusstsein der Bevölkerung ankern, kann es nicht ausbleiben, dass sie auch bei politischen und kaufmännischen Verhandlungen die Marschrichtung vorgeben.

»Die Chinesen«, bestätigt der Unternehmensberater und Kommunikationsexperte Rainer Lessing, »können einen so schnell über den Tisch ziehen, dass die dabei entstehende Reibungshitze als Nestwärme empfunden wird.« Deutschen

Managern mit China-Ambitionen gibt er Lehrmaterial mit der Bezeichnung »Überlegenes Handeln mit lächelnder List« an die Hand.[3]

Manchmal wirken die Strategeme im Verbund, manchmal einzeln. Immer präsent ist die List Nummer 15, mit der in China schon die Feudalherren und später die Revolutionäre ihre Feinde übertölpelten und derer sich heute die neuen Kapitalisten bedienen. Sie lautet: »Den Tiger vom Berg in die Ebene locken.«

An den Beispielen des hannoverschen Mittelständlers Eginhard Vietz und des württembergischen Managers Johann Vranic lassen sich die Intentionen und die Konsequenzen dieser Kriegslist lehrbuchhaft aufzeigen. Schon in dem Moment, in dem er sein Interesse an einer Investition in der Volksrepublik bekundet, übernimmt Vietz aus chinesischer Sicht die Rolle des gleichsam undurchsichtigen wie wertvollen »Tigers«, den es zu erlegen gilt.

Zwar folgen seine in Peking residierenden Joint-Venture-Kandidaten bereitwillig einer Einladung nach Deutschland. Doch auf einer Rundreise quer durch die Republik, die von einer Vietz-Filiale zur anderen führt, irritieren sie den auf seine Leistung stolzen und von seinem Mitteilungsbedürfnis beseelten Gastgeber durch eine aufreizende Gleichgültigkeit. Temperament bricht bei ihnen nur aus, wenn die Mittagspausen zu kurz und die Mahlzeiten zu knapp ausfallen. Die Besucher, so die Erklärung nach der Kriegslist Nummer 15, bewegen sich auf dem Terrain des Tigers, das ihnen selbst fremd ist. Nur durch Passivität lassen sich in einer solchen Position der Schwäche Fehler vermeiden. Sie wandelt sich in Stärke, wenn man den Tiger von dem »Berg«, der nur ihm vertraut ist und der ihm Schutz bietet, in die »Ebene« lockt, in der er sich orientierungslos wie Freiwild bewegt. In der »Ebene«, sprich in der Volksrepublik, thronen die Chinesen auf dem Hochsitz.

Viele dutzend Male folgt Eginhard Vietz dem Lockruf – und immer wieder verfängt er sich am Anfang seines Engagements in dem Netz aus Tricks und Tricksereien, das seine nun wieder souveränen und quirligen Gastgeber ausbreiten. Schon das harmlos anmutende Ritual des Begrüßungsbanketts kann sich als Falle erweisen. »Dauernd«, erinnert sich der Unternehmer, »wurde mir da zugeprostet – vom Gouverneur, vom Parteichef, vom Bürgermeister und so weiter. Aber während diese Herren jeweils nur ein Glas leerten, summierte es sich bei mir auf drei, vier, fünf ...« Am Ende solcher Runden, das berichten auch Kollegen des Ingenieurs, verleitet man den Besucher aus dem Westen zu den ersten Zugeständnissen.

Eine andere Methode: Man füllt den Teller des Gastes mit einer üppigen Fleischportion nach der anderen. Der Genuss von Fleisch macht, zumal in Kombination mit Alkohol, lethargisch. Und in einem solchen Zustand sieht man über das Kleingedruckte in einem Vertragswerk schon mal hinweg. Entrinnen kann man dieser Prozedur kaum. Es ist üblich, dass ein chinesischer Hierarch dem westlichen Tischnachbarn die Portionen vorlegt. Sie zurückzuweisen, könnte als Beleidigung, als Gesichtsverlust ausgelegt werden. Ich selbst bin während meiner acht China-Jahre etwa vierhundertmal Gast bei solchen Tafeleien gewesen. Wenn man mich fragt, welche Voraussetzungen man für den Korrespondentenjob mitbringen muss, sage ich auch: Man sollte trinkfest sein und einen guten Magen haben.

Moniert ein Investor im Nachhinein eine der tückischen Klauseln, dann schnappt die nächste Falle zu: Der Gerichtsstand ist die chinesische Stadt, in der die Papiere unterzeichnet wurden. Es fällt nicht schwer, sich auszumalen, zu welcher der streitenden Parteien die einheimische Justiz neigt. »Man kann sich die Anwendung des Stratagems Nr. 15«, erläutert der Sinologe Harro von Senger[4], »auch bei Vertragsabschlüssen mit Geschäftsleuten aus dem Ausland vorstellen, und zwar bei der Formulierung der Klausel über den Gerichtsstand oder den Ort des Schiedsgerichts. Diese Klausel kann so konzipiert werden, dass der Geschäftspartner im Konfliktfall seine angestammte juristische Umgebung verlassen und sich in ein ihm unbekanntes und daher für ihn ungünstiges juristisches Terrain begeben muss.«

Auch für die Methoden, denen sich der »Tiger« von seiner Ankunft bis zu seiner Abreise ausgesetzt sieht, gibt es in der chinesischen Umgangssprache, wie mir mein Protagonist Johann Vranic berichtet, bereits einen festen Begriff: »Den Gegner müde fahren.« Mit besonderer Intensität kommt das Prinzip der Einschläferung bei den entscheidenden, zur Unterschrift führenden Verhandlungen zur Geltung. »Man selbst«, so der Manager, »ist meistens auf sich allein gestellt. Die Chinesen treten dagegen immer als Gruppe auf. Ziehen sich die Gespräche in die Länge, wechseln sie sogar die Mannschaften aus. Zuerst peilen untere Chargen, die stets im Kontakt mit ihren Vorgesetzten stehen, die Lage. Zum Finale erscheinen dann die bestens informierten und unverbrauchten Bosse. Und die beenden die Verhandlung fast immer mit einer letzten Forderung: ›Zehn Prozent Rabatt genügen uns nicht – wir wollen 15 Prozent.‹ Du darfst dich bei solchen Gelegenheiten nicht eine Sekunde fallenlassen, sonst bist du verloren. Im Grunde musst du immer heiß sein wie eine chinesische Kampfgrille.«

Bleibt der deutsche Besucher resistent, dann kann es ihm passieren, dass seine Gastgeber die Kriegslist Nummer 3 hinterherschieben: »Mit dem Messer eines anderen töten«. Auch meinem Informanten Johann Vranic ist das Szenario wohlbekannt, das der Wissenschaftler Harro von Senger in seiner Sammlung von diesem Strategem ableitet:

»Im Verlaufe langwieriger Verhandlungen wird dem westlichen Geschäftspartner ... in irgendeiner Form der Tatbestand vor Augen geführt, dass der chinesischen Seite ja auch noch die Angebote anderer Firmen vorliegen, und es mag der Eindruck entstehen, dass plötzlich eine andere Firma mehr Chancen hat als die eigene. Vielleicht entspricht der Eindruck genau der Wirklichkeit. Aus sachlichen Gründen gibt die chinesische Seite der Konkurrenz den Vorzug. Vielleicht aber handelt es sich um eine Verhandlungstaktik, die inspiriert ist vom Strategem Nr. 3. Die Konkurrenzfirma, die in diesem Falle nur scheinbar plötzlich in der Gunst der Chinesen gestiegen ist, dient gleichsam als Waffe, mit der dem eigentlich bevorzugten Verhandlungspartner die gewünschten Konzessionen entlockt werden, zu denen er bereit ist, nur damit die Konkurrenz nicht zum Zuge kommt.«[5]

In seinem Buch »Supraplanung«, in dem er die langfristigen Ziele der Strategeme aufzeigt, beschreibt der Schweizer Sinologe am Beispiel der geplanten Hochgeschwindigkeits-Strecke zwischen Peking und Shanghai, wie sich ausländische Unternehmen beim Buhlen um die Gunst der chinesischen Auftraggeber gegenseitig schwächen und China davon auf der ganzen Linie profitiert. »Als Konkurrenten bekämpfen sich schon seit 1994 neben einer japanischen Firma zwei europäische Firmen, nämlich eine französische und eine deutsche. Das Projekt muss vom Staatsrat und zuletzt vom Nationalen Volkskongress genehmigt werden. Gemäß einer Meldung der chinesischen *China Daily* vom 8. 10. 2004 verharrte das zuständige Eisenbahnministerium in Stillschweigen. Das erinnert an das Strategem ›Die Feuersbrunst am gegenüberliegenden Ufer beobachten‹ bzw. ›Auf dem Berg sitzend dem Kampf der Tiger zuschauen‹ ... Um die Konkurrenten auszustechen, versprach Alstrom-CEO Patrick Kron, seine Firma sei bereit, die gesamte TGV-Technologie nach China zu transferieren. Alstrom will also China dabei helfen, dieselbe Hochtechnologie zu produzieren, die Frankreich produziert. Was Hochgeschwindigkeitszüge angeht, so sind derzeit Chinesen lediglich fähig, Schienen zu legen ... Daher ist der komplette TGV-Technologietransfer natürlich genau das, was Chinesen wünschen.«

Als im September 2006 bei einem deutsch-chinesischen Forum in Berlin Zweifel am Sinn eines einseitigen Know-how-Transfers artikuliert werden, geht der Teilnehmer aus der Volksrepublik – »wobei sich seine Stimme beinahe überschlägt«, so die *Financial Times Deutschland* – in die Offensive. »Wenn ihr uns eure Technologie nicht geben wollt«, zitiert ihn das Blatt, »dann lasst es eben bleiben! Dann bekommt eben der Nächste den Auftrag. So funktioniert Wettbewerb.«[6]

Fruchten auch solche Drohungen nicht, holt die chinesische Seite bisweilen einen letzten Pfeil aus dem Köcher: den Vorwurf des Neokolonialismus. »Man weiß genau«, berichtet der Manager Vranic, »dass viele Deutsche bei dem moralischen Argument schwach werden. Und diese Schwäche wird konsequent genutzt.«

Der ehemalige Student der Pekinger Beida-Universität weist, nachdem er mir mehr als eine Stunde mit der Atemlosigkeit eines Krisenreporters geschildert hat, wie sich die Strateeme am Verhandlungstisch auswirken, auf die ersten grauen Strähnen in seinem Haar. »China«, kommentiert er trocken. Als ich später den Report lese, den er über seine beiden Jahre in der chinesischen Provinz verfasste, wird mir klar, dass ihm auch innerhalb seines Betriebes die Rolle des von allerlei Fallen umstellten Tigers zukam. Am deutlichsten offenbart sich das in den Passagen, in denen er das komplizierte Verhältnis zu seinem einheimischen Personal beschreibt. Beispiel eins: die eigensüchtigen Verkäufer.

»Ich hatte«, so Vranic, »zwei gute Gebietsverkaufsleiter, einen für den Norden, einen für den Süden Chinas. Beide hatten die himmlischen Gaben, die ein Verkäufer braucht, und erbrachten konstant überdurchschnittlich gute Leistungen. Meistens übertrafen sie den erwarteten Umsatz. Auf Umwegen musste ich aber erfahren, dass sie nur deshalb so aktiv waren, weil sie zum größten Teil in die eigene Tasche wirtschafteten. Der Gipfel war, dass der eine Mitarbeiter mehr Umsatz auf eigene Rechnung mit Kosmetikprodukten machte als für unsere Firma mit den Maschinen. Die Spesen wurden natürlich komplett von uns getragen. Ich stand vor dem Dilemma, was ich mit diesen Mitarbeitern machen sollte.«

Der Handlungsspielraum des deutschen Chefs, der sich in seiner in eine karge Hügellandschaft eingebetteten Fabrik bisweilen vorkommt »wie in einer Strafkolonie«, beschränkt sich auf zwei Optionen: Entlassen oder behalten. Er entscheidet sich, den beiden Mitarbeitern, die unter dem Dach ihrer Firma auch ihre eigenen Geschäfte machen, nicht zu kündigen. Damit beugt er sich den landestypischen Usancen und befolgt eine Maxime, zu deren Einhaltung der auf China spezialisierte Unternehmensberater Rainer Lessing in einem Interview mit dem *Hamburger Abendblatt* rät: »Als Europäer muss man auf zwei Ebenen gewinnbringend denken. Für sich und die Chinesen gleich mit.«[7]

Beispiel zwei: die betrügerische Abteilungsleiterin. Dieser Fall spielt in Shenzhen, der südlichen Sonderzone mit dem kapitalistischen Flair. Als der deutsche Manager die innerhalb weniger Jahre aus dem Boden gestampfte, von dem Reformer Deng Xiaoping als Modell gepriesene Metropole zusammen mit einer leitenden Angestellten besucht, stellt sich heraus, dass die Frau stets die Hälfte der Provision einsteckt, die der lokalen Agentin des Unternehmens zusteht. Während Vranic in einer schlaflosen Nacht darüber nachdenkt, welche Konsequenzen eine Betrugsanzeige für die Mitarbeiterin haben könnte und einige Jahre Arbeitslager nicht ausschließt, klopft es plötzlich an die Tür seines Hotelzimmers – und die Geschichte, die der Manager bereits in eine Tragödie münden sah, sinkt auf das Niveau eines billigen Agentenromans.

»Frau Yang«, schreibt Vranic, »stand im Nachthemd davor und behauptete, nicht schlafen zu können. Wenn das die falschen Leute sahen! Ich ließ sie aber schnell hinein. Sie sei angeblich schon im Bett gewesen, stand aber frisch geschminkt vor mir. Da steckte gewiss ein Plan dahinter. Sie hatte von Natur aus große Augen, und durch das Make-up wirkten sie noch größer ... Ihre Haut war überdurchschnittlich weiß. So leicht bekleidet, wie sie war, war es für mich klar, warum sie gekommen war. Mit einer Bettgeschichte wollte sie die Sache bereinigen. Ich sagte ihr deshalb sofort, dass wir uns über alles Mögliche unterhalten könnten, dass ich aber aus Prinzip keinen Sex mit Firmenangehörigen wolle. Sie setzte sich und meinte, ich würde sie missverstehen, zog aber im gleichen Atemzug ihr kurzes Nachthemd nach oben und ließ meine Augen über ihre wohlgeformten Oberschenkel wandern. Ich schwieg. Was sie als Zustimmung wertete. Sie zupfte erneut am Hemd. Jetzt wurden die Beine ganz freigelegt, und ich konnte sehen, dass sie unter dem Nachthemd nichts trug. Ihre Beine waren lang und hübsch, aber das spielte jetzt keine Rolle, ermahnte ich mich.«[8]

Besondere Beachtung verdient der Trick, mit dem die Mitarbeiterin ihren Verführungsversuch startet. Indem sie vorgibt, nicht einschlafen zu können, umhüllt sie ihre Absichten mit einem Mantel der Unschuld und weckt, unterschwellig zumindest, gleichzeitig den Schutzinstinkt ihres Chefs. Nun könnte man einwenden, dass es sich hier, zumal solche psychologischen Mechanismen von globaler Gültigkeit sind, um einen klassischen Fall von Überinterpretation handelt. Fest steht aber, dass es in China für solche Überrumpelungen eine schriftlich fixierte Regieanweisung gibt. »Täusche Orientierungslosigkeit vor«, empfiehlt der Meisterstratege Sun Zi, »und dann zerschlage den Feind.«[9]

Der deutsche Manager weiß genau: Lässt er sich auf das Angebot ein, dann sitzt er in der Falle – für immer. Seine Geliebte könnte ihn erpressen und in der Firma das Zepter übernehmen. Er hält stand und schlägt einen Deal vor: der Vorfall bleibt geheim, aber die Abteilungsleiterin bekennt sich schriftlich zu der Unterschlagung der Provision. Dieses Eingeständnis wird aber nur gegen sie verwendet, wenn sie eine neue Betrügerei begeht. »Dazu kam es aber nicht«, resümiert Vranic. »Wir haben den Vorfall nie vergessen, aber auch nicht wieder über ihn gesprochen und ihn niemandem gegenüber erwähnt. Im Gegenteil wurde das gegenseitige Vertrauen gefestigt, und sie wurde eine noch bessere Fachkraft.«

Die List als Mittel gegen die List – es ist eine ganz und gar chinesische Methode, mit der Johann Vranic die verführerische Betrügerin domestiziert und sogar zu einer größeren Leistung anspornt. »Irgendwann«, sagt er, »hatte ich die chinesischen Strategien so verinnerlicht, dass ich manchmal selbst darauf zurückgriff. Seit meiner Rückkehr aus China reise ich häufig geschäftlich nach Sibirien. Als neulich in Wladiwostok ein kniffliger Fall zu lösen war, habe ich mich gefragt: Wie hätten das die Chinesen gemacht?«

Auf keinen Fall hätten die Chinesen, wären sie mit nach unseren Maßstäben unlauteren Mitteln vorgegangen, ein schlechtes Gewissen gehabt. »In China«, so Vranic in seinen Aufzeichnungen, »bewundert man sogar die Person, die dreist ihre Chance genutzt hat und empfindet dies als nachahmenswert.« Der viele Jahre in der Volksrepublik tätige Kaufmann Josef Koller bestätigt: »Wenn meine chinesischen Mitarbeiter einen Geschäftspartner gelinkt hatten, waren sie immer ganz stolz. Für meine Skrupel hatten sie nicht das geringste Verständnis.«

Beispiel drei: der elegante Vertreter. Sein Verhalten illustriert, welch eine überragende Rolle in China das Äußere, das Repräsentative, die Form als Dekor der Hierarchie spielen. Keine Frage: Auch der westlichen Welt ist das Prinzip »Mehr Schein als Sein« nicht fremd. Aber in der Volksrepublik, die ja die Gepflogenheiten ihrer feudalen Vergangenheit keineswegs überwand, gehört es zu den gesellschaftlichen Dogmen. Der Status und seine Symbole tragen wesentlich zu dem »Gesicht« bei, das ein jeder Bürger sein Leben lang zu pflegen und zu wahren hat.

»In der Verkaufsabteilung«, heißt es in dem Report des deutschen Managers, »arbeitete ein Mann, der dem chinesischen Ideal entsprach. Er trug Armani-Anzüge und dazu italienische Hochglanzschuhe. In seinem Aktenkoffer hatte er stets Kleider- und Schuhbürste, außerdem Kamm und Spiegel parat und machte oft von ihnen Gebrauch ... Ich war der Ansicht, er sei ein ganz eitler Typ und kaufe sich zudem die teuersten Klamotten auf Kosten der Firma, um damit seinen Geldüberfluss zur Schau zu stellen. Später erfuhr ich, dass seine Frau seinen ersten Anzug mitfinanziert hatte. Er wusste, was bei seinen Landsleuten ankam und wie er bei ihnen Eindruck machen konnte ... Zu wichtigen Kunden fuhr er nicht mit dem Taxi, sondern mit dem Mercedes, der extra dafür gemietet wurde. Bei Kundenbewirtungen kannte seine Großzügigkeit keine Grenzen. Bei Großaufträgen musste ich ihn begleiten, um dem Kunden noch mehr Respekt zu erweisen. Ich muss zugeben, es fiel mir schwer, der von Herrn Ma organisierten Zeremonie gerecht zu werden. Die Kunden aber waren von ihm begeistert, und er verlor kaum einen Auftrag an die Konkurrenz.

Einmal nahm er mich nach der Arbeit mit nach Hause, und ich war überrascht, dass er in ärmlichen Verhältnissen lebte. Er und seine Frau wohnten zusammen mit seinen Eltern wie Millionen andere in China auch. Sie hatten eine Zweizimmerwohnung, einen kleinen Vor- sowie einen Abstellraum.«[10]

Ein chinesischer Handelsvertreter renommiert mit seinem westlichen Boss. Steht dies nicht im Widerspruch zu der These, dass Ausländer in China per se als zweitklassig gelten? In diesem Fall, so des Rätsels Lösung, triumphiert der enorme Stellenwert der Macht und Einfluss verleihenden Hierarchie über alle anderen Kriterien.

Dass dieser Effekt in der tiefen Provinz besonders stark wirkt, bekommt der württembergische Manager auch während seiner Bekanntschaft mit einer Lehrerin zu spüren, die – wie so mancher Beamte – nebenbei irgendwelche zwielichtigen Geschäfte betreibt. »Eines Abend«, erinnert sich Vranic, »bat sie mich, sie in eine ziemlich verruchte Kneipe zu begleiten. Wir kamen in einen völlig verqualmten Raum, und sie führte mich an einen Tisch, an dem vier mafios wirkende Typen saßen. Ich spürte sofort: Diese Männer übten einen gewaltigen Druck auf die Frau aus. Dann stellte sie mich ihnen vor und zählte meine internationalen Kontakte auf. Als sie erwähnte, dass ich auch bei der KP-Nomenklatura ein und aus gehe und sogar den Bürgermeister von Peking kenne, wurden die Herren auf Anhieb freundlicher. Ich glaube, in diesem Moment war meine Bekannte aus der Bredouille.«

Ein Wirtschaftshierarch, der beste Kontakte zur Parteihierarchie pflegt – das ist im Bedarfsfall ein schweres Geschütz in einem Land, in dem auch ein Geflecht von Beziehungen zu den Überlebenselixieren gehört. Indes: Der Glanz verblasst, sobald sich der »Tiger«, um im Bild der Kriegslist Nummer 15 zu bleiben, zur grauen Maus degradiert. Der Manager Vranic provoziert diesen Abstieg, als er in der nordchinesischen Stadt Harbin, wo er ein Geschäft abschließen will, in aller Bescheidenheit ein Zimmer in einem Hotel mit nur drei Sternen reservieren lässt. Ein an den Verhandlungen beteiligter chinesischer Bekannter erfährt davon – und bucht seinen deutschen Partner sofort in eine Fünf-Sterne-Herberge um. »Der hat mir«, sagt Vranic, »eine Blamage erspart und den Deal im letzten Moment gerettet.«

Ähnliche Erfahrungen macht der Spitzenmanager Norbert Stöhr, der für den Leverkusener Bayer-Konzern in China tätig ist. »Als ich nach Peking kam«, zitiert ihn das *Hamburger Abendblatt*, »hielt ich es nicht für wichtig, ein großes Auto zu fahren. Schnell wurde mir bedeutet, dass ich als deutsche Führungskraft eine deutsche Nobelmarke zu fahren habe, wenn ich Probleme vermeiden will.«[11]

Der Schweizer Sinologe Harro von Senger, der in der Volksrepublik unermüdlich nach den Antriebskräften einer uns Mitteleuropäern fremden Gesellschaft forscht, beschäftigt sich, als die deutsche Bundeskanzlerin Angela Merkel 2007 Peking besucht, mit der Reaktion der chinesischen Massenmedien. Das unstandesgemäß bescheidene Auftreten der Politikerin veranlasst die einheimische Journaille, sie wie ein Wesen von einem anderen Stern zu beschreiben.

Den Reportern, notiert der Wissenschaftler in seinem Buch »Supraplanung«, fällt sofort auf, dass die Regierungschefin in ihrem Hotel »nicht die Präsidialsuite, sondern ein Zimmer mittlerer Preisklasse« bezieht. »Es kostete«, staunt einer der Chronisten, »nur ein Zwanzigstel so viel wie die Präsidialsuite«. Und mit einem Unterton, der zwischen Ungläubigkeit und Bewunderung schwankt, fährt er fort: »Sie ließ sich ihr Frühstück nicht in ihr Zimmer bringen und nahm es auch nicht in einem abgeschlossenen Chambre séparée ein. Vielmehr begab sie sich in den großen Esssaal, um sich am Büfett selbst zu bedienen. Eigenhändig wählte sie Brot und Gebäck sowie Fruchtsaft und andere Getränke aus. Als sie Brot holte, geschah ein Missgeschick. Ein Stück Brot fiel zu Boden. Sofort hob sie es auf, legte es auf ihren Teller und trug es zu ihrem Sitzplatz, wo sie es mit großem Appetit aufaß, bis dass der ganze Teller leer war. Als sie wegging, grüßte sie alle Angestellten ...«[12]

Zu den Ritualen meiner eigenen Jahre in der Volksrepublik gehört es, aus Hamburg angereiste Urlaubsvertreter mit den Erwartungen ihrer chinesischen Umgebung vertraut zu machen. Einer meiner dringenden Ratschläge: Kommt nicht mit dem Fahrrad zum Dienst, sondern geht auf das Angebot des Studio-Chauffeurs ein, euch mit dem Auto vom Hotel abzuholen! Ein Korrespondent, der sich ohne Not im Pekinger Verkehrschaos abstrampelt und sich den Abgasen aus tausend Auspuffrohren aussetzt: Was wir als Akt der Solidarität und Bescheidenheit begreifen mögen, quittieren die auf die Mechanismen der Hierarchie fixierten Chinesen mit Kopfschütteln.

Mir ist es sogar schon passiert, dass mich ein chinesisches Unternehmen, um das eigene Ansehen zu mehren, in einen mir nicht zustehenden Rang erhob. Ausgangspunkt ist eine Modenschau mit Mannequins und Kreationen der Shanghaier Design-Hochschule, die der Siemens-Konzern im niedersächsischen Celle für seine regionalen Mitarbeiter veranstaltet und die ich nach meiner Rückkehr nach Deutschland moderiere. Zum Finale wird ein Foto gemacht, auf dem ich, wie der Hahn im Korb, inmitten der attraktiven Models posiere. Ein paar Monate später dreht ein Hamburger TV-Kollege auf meine Empfehlung in dem Institut in Shanghai und entdeckt dabei an der Wand das in Celle geschossene Bild. In der Unterschrift werde ich nicht etwa, wie es korrekt wäre, als Fernsehjournalist bezeichnet, sondern – eindeutig wider besseres Wissen – als »deutscher Botschafter.«

In einem vor den Olympischen Spielen in Peking in der *Frankfurter Allgemeinen Sonntagszeitung* publizierten Essay heißt es: »Tatsächlich teilt das traditionelle chinesische Denken einige entscheidende Voraussetzungen mit dem traditionellen westlichen Denken nicht, wie es sich aus griechischer Philosophie, Christentum und Aufklärung herausgebildet hat. Es stellt keineswegs die Wahrheitssuche in den Mittelpunkt seiner Überlegungen«[13]

Das Bestreben, die Realität zu schönen, durchwirkt seit Jahrtausenden die chinesische Geschichtsschreibung und offenbart sich aktuell auch in so manchem gefälschten Produkt. »Bei uns«, berichtet die Herzogenauracher Piraterie-Expertin Ingrid Bichelmeir-Böhn, »belässt man die nicht funktionellen Teile eines Produktes in ihrem ursprünglichen Zustand. Sie optisch aufzuwerten, macht ja keinen praktischen Sinn. In China sieht man das anders. Um Eindruck zu schinden, poliert man auch diese Flächen auf Hochglanz. Für uns ist dies sogar ein untrügliches Kennzeichen einer Fälschung. Es kommt auch immer wieder vor, dass man in der Volksrepublik unsere Firmenbroschüren einfach ins Chinesische übersetzt und den Inhalt als eigene Philosophie verkauft. Da stehen dann Bekenntnisse zum Umweltschutz drin, die mit der Realität aber auch nicht das Geringste zu tun haben.«

Das ganze Spektrum von Renommee und Respekt erzeugenden Merkmalen firmiert in China unter dem Oberbegriff »Gesicht«. Die Bandbreite reicht vom Armani-Anzug des Handelsreisenden über die aufgemotzte Ware bis zum verführerischen Outfit einer boomenden Metropole. »Vor Shanghais neonglitzernder Fassade«, heißt es bei *SPIEGEL ONLINE* über die ersten Eindrücke anreisender Manager, »verblassen lästige Bedenken. Die Bosse fliegen auf dem modernen Flughafen Pudong ein, rasen mit über 400 Stundenkilometern im Transrapid in die Innenstadt und stoßen im Nobelrestaurant ›M on the Bund‹ mit Champagner auf neue Freundschaften und ihre chinesischen Partner an.«[14]

Weitaus größere Rätsel als die Schminke des schönen Scheins gibt die Maskerade des menschlichen Gesichtes auf. Gewiss: Es klingt nach Klischee, wenn Kaufleute wie Vranic von einer »undurchdringlichen Mauer des Lächelns« sprechen, von einem »fast permanenten Widerspruch zwischen Ausdruck und Absicht«. Doch bei der Suche nach den kulturellen und sozialen Wurzeln der Verstellung lässt man die Niederungen des Stammtischs schnell hinter sich.

Ich selbst werde während meiner Korrespondentenjahre zum intensiveren Nachdenken über dieses Phänomen angehalten, als der Hamburger Regisseur Jürgen Flimm am Pekinger Volkstheater mit einem chinesischen Ensemble Georg Büchners düsteres Drama »Woyczek« einstudiert. Während eines Interviews für den Film, den ich über die Proben produziere, wundert sich Flimm immer wieder über die ungewöhnlichen Schauspielkünste seiner Darsteller, auch der Chargen. »Aus dem Stand«, schwärmt er, seien sie in der Lage, »wie durch ein Nadelöhr zu spielen.«

Das erinnert mich sofort an eine Beobachtung, die ich kurz zuvor während der Dreharbeiten für einen Beitrag über die Pekinger Nachbarschaftskomitees mache. Dabei handelt es sich um die bei der Bevölkerung äußerst unbeliebte Institution, die, unter dem Vorwand der Fürsorge, die Bewohner eines Viertels bespitzelt.

Wir bauen unsere Kamera in der Wohnung einer älteren Dame auf, die mit sichtlichem Missvergnügen auf ihre Kontrolleurin wartet. Kaum hat die Parteifunktionärin auf dem Sofa Platz genommen, verwandelt sich der mürrische Ausdruck unserer Protagonistin wie auf Kommando in ein strahlendes Lächeln. Mehr noch: Sie greift nach der Hand der Besucherin – und die beiden bieten, als wir sie drehen, das Bild eines glücklichen Ehepaares, das noch immer gemeinsam durch dick und dünn geht. Kamera aus. Harmonie aus. Kälte kehrt in den Raum zurück.

Die Erkenntnisse, mit denen ich die Aussagen des Regisseurs Jürgen Flimm in meinem Beitrag über seine Proben kommentiere, lauten sinngemäß: Ein Korsett aus familiären Konventionen und politischer Kontrolle zwingt die Chinesen seit Jahrtausenden, einer rigiden Obrigkeit mit List zu entwischen oder ihr eine Loyalität vorzutäuschen, die vielen von ihnen eigentlich zuwider ist. Wo aber ein ganzes Land zur Bühne wird, kann es nicht verwundern, dass auch dem Theater massenhaft die Talente zuwachsen. Es handelt sich um eine aus der Not geborene Begabung.

9.

»Ich glaube, da war Sadismus im Spiel«
Immanuel Kant und das Bayern-München-Prinzip

So sanft startet der Lift im Park Tower in der Frankfurter City, dass ich sofort denke: Die Elektronik stammt von der Firma micotrol in Alzenau, deren Geschäftsführerin mir kürzlich über ihre leidvollen Erfahrungen mit den chinesischen Geschäftspartnern berichtete. Mein Reflex erinnert an die Besessenheit des Schweizer Strategem-Experten Harro von Senger. Das Sujet beherrscht den Rechercheur zu allen Tageszeiten und in allen Lebenslagen – und diese an Sucht grenzende, seiner Umgebung bisweilen gewaltig auf die Nerven gehende Fixierung setzt ihn der Gefahr der einseitigen Betrachtung aus.

Ignoriere ich Fakten, so frage ich mich auf dem Weg in den 26. Stock, die nicht in ein vorgefasstes Bild passen? Dominiert, schlimmer noch, eurozentrische Selbstgefälligkeit, wo kulturelle Differenzierung vonnöten wäre? Aber ist es, andererseits, nicht logisch, dass die für China charakteristischen klaren gesellschaftlichen und politischen Strukturen auch zu einfachen, als Schwarzweißmalerei zu missdeutenden Erkenntnissen führen?

Die stählerne Tür öffnet sich, und die Kanten des Fahrstuhls und des Flures bilden eine Linie. Hochtechnologie, made in Germany. Meine Gastgeberin an diesem schwülen Vormittag im August 2008 ist die Rechtsanwältin Sabine

113

Stricker-Kellerer, die für das renommierte internationale Anwaltsunternehmen »Freshfields Bruckhaus Deringer« arbeitet. Auch sie kenne ich seit meiner Zeit in Peking, wo sie, nach einem Studium der Sinologie und der Rechtswissenschaften in München und Genf und einem Jahr an der Harvard Law School, erste praktische Erfahrungen in ihrem Fachgebiet, dem chinesischen Recht, sammelt. Sie handelt Anlageverträge aus, berät in Steuerfragen, achtet beim Abschluss von Joint Ventures auf mögliche Finten. Sie gehört zu den Pionieren, die auch den Weg in die tiefe, damals extrem ungemütliche Provinz nicht scheuen. In Lanzhou, einer der unwirtlichsten Industriestädte der Welt, wabert es giftig aus den Schloten, als sie inmitten eines Fabrikgeländes einen Deal besiegelt.

Fast ein Vierteljahrhundert China-Erfahrung – ich bin froh, dass sich die Juristin, die ständig zwischen Deutschland und der Volksrepublik pendelt und zu den erfolgreichsten Kräften in ihrem Fachgebiet gehört, einige Stunden Zeit für mich nimmt. Und ich bin mir sicher: Konzessionen, die zwar der Atmosphäre dienen, aber nicht der Analyse, wird sie nicht machen. Sollte sie meine Einschätzungen konterkarieren, wäre ich keineswegs unglücklich darüber.

»Wenn Sie Ihre Anfangsphase in China mit der Gegenwart vergleichen: Was hat sich gravierend verändert?«

»Damals stieß man bei der jüngeren Generation auf Patriotismus. Das ist umgekippt in Nationalismus.«

Es ist eine Antwort, die meine eigene Erfahrung und die Einschätzung anderer Experten bestätigt – leider. Eine weniger dezidierte Aussage hätte die Hoffnung genährt, dass es sich bei dem gerade zu beobachtenden Olympia-Hype um eine periodische Erscheinung handelt.

»Welchen anderen wesentlichen Unterschied gibt es zu früher?«

»Als ich in China anfing, saßen mir bei Verhandlungen

häufig Leute gegenüber, die von den Dingen, um die es ging, nicht die geringste Ahnung hatten. Typische Funktionäre waren das. Schließlich war alles von der Politik überlagert. Heute habe ich es vor allem in den Städten mit geschmeidigen Managern zu tun. Der Prototyp ist der junge Mann, der über seinen Laptop alle möglichen Diagramme an die Wand wirft. Auch in juristischen Fragen hat sich der Horizont erheblich erweitert. Aber das bedeutet keineswegs, dass die Verhandlungen leichter geworden sind. Denn mehr Rechtswissen führt ja nicht automatisch zu einem größeren Rechtsbewusstsein.«

»Womit haben Sie am meisten zu kämpfen?«

»Mit der Strategie der Intransparenz. Man weiß bei Verhandlungen nach wie vor selten, woran man ist. Noch immer fragt man sich: Was ist Form und was Substanz? Das kostet Zeit und Nerven und bindet Ressourcen. Es wird also versucht, dem westlichen Partner die Kraft zu nehmen, die er dringend für die Gespräche benötigt. Und während bei uns das Kartellamt klar ›ja‹ oder ›nein‹ sagt, zieht sich ein Genehmigungsprozess in der Volksrepublik oft endlos in die Länge. Ich nenne diese Strategie das ›Bayern-München-Prinzip‹. Auch dieser Verein schwächt doch die Substanz seiner Konkurrenz, indem er ihr durch seine Einkaufspolitik die besten Kräfte entzieht.«

»Was war Ihr bisher denkwürdigstes Erlebnis?«

»Als meine chinesischen Partner eine Woche lang verhandelt haben, obwohl sie vom ersten Tag an wussten, dass das Projekt aus politischen Gründen gekippt war. Bis zur letzten Minute wurden alle Rituale eingehalten. Ich glaube, da war Sadismus im Spiel.«

Die Liberalisierung der Wirtschaft, so schließe ich auch aus solchen Schilderungen, hat erhebliche Auswirkungen nach innen – jedoch nicht nach außen. Dass einige der Strageme unter dem Druck der Globalisierung modifiziert und modernisiert wurden, ändert also nichts an ihrer Stoßrichtung. Die neueste Variante, berichtet die deutsche Juristin, heißt: »Hijacking der Begriffe«.

Mit dieser subtilen Methode antizipiert die chinesische Seite – wie bei einem Schachspiel – einen Zug des westlichen Gegenübers und nimmt seinen Argumenten, noch bevor er sie ausgesprochen hat, die Spitze. Wie das bei einem der sensibelsten politischen Themen in China funktioniert, berichtet die Bochumer Sinologin und Politikwissenschaftlerin Kristin Kupfer im Journal der Organisation Amnesty International:

»Auf landestypische Merkmale verweist Peking auch im Kontext der Menschenrechte: Der Schöpfer der geistigen Tradition Chinas, Konfuzius, betone hauptsächlich die Pflichten des Einzelnen gegenüber seinen Mitmenschen und fordere höchste Loyalität gegenüber dem Herrscher. Zudem spiele im Entwicklungsland China das Recht auf einen angemessenen Lebensstandard eine dominierende Rolle. So behält sich die kommunistische Führung bezüglich des Sozialpakts eigene Interpretationen vor: Die chinesische Arbeiterbewegung habe im Kampf gegen Imperialismus und Kapitalismus eben nur eine nationale Gewerkschaft hervorgebracht. Diese sei laut Gewerkschaftsgesetz die einzige legale Arbeiterorganisation der Volksrepublik.«[1]

Ähnlich geschickt argumentieren Funktionäre und Manager, wenn sie auf das Thema Produktpiraterie angesprochen werden: Ja, wir wissen, dass dies bei uns ein Problem ist. Und wir tun ja auch etwas dagegen. Aber die Regelungen lassen sich nur schwer durchsetzen, weil in China eben spezifische Bedingungen herrschen.

Folgerichtig erklärt der Leiter des chinesischen Patentamtes, Tian Lipu, in einem Interview: »Wir brauchen mehr Zeit, denn unser Grundproblem ist, dass die Menschen hier gar keinen Begriff davon haben, was geistiges Eigentum ist.

China hat eine 5000 Jahre alte Kultur, aber wenn man sich diese Geschichte anschaut, dann wird man feststellen, dass es hier bisher keinen einzigen Gedanken über das Urheberrecht gab.«[2]

Der Beamte zielt damit auf eine These, die in China bei jeder sich bietenden Gelegenheit vorgebracht wird: Eine perfekte Kopie ehre nach der konfuzianischen Lesart auch den Meister, der das Original schuf. Schon aus diesem Grund habe sich kein Unrechtsbewusstsein herausbilden können. Das leuchtet, wenn man mit dieser Argumentation unvorbereitet konfrontiert wird, durchaus ein. Doch meine geschichtskundige Gesprächspartnerin in Frankfurt hat erhebliche Probleme mit dieser Interpretation. »Es ist belegt, dass es sowohl während der Ming-Dynastie als auch in der Qing-Zeit ein Bewusstsein für das Copyright und den Schutz des geistigen Eigentums gab. So durften zum Beispiel kaiserliche Schriften im Prinzip nicht kopiert werden. Wurde es aber doch erlaubt, um ihre Botschaft zuverlässig für die Nachwelt zu erhalten, dann gab man dies auch ausdrücklich als Kopie zu erkennen.«

Selbst unter Berücksichtigung tiefgreifender kultureller Divergenzen drängen sich in diesem Zusammenhang zwei Fragen auf: Besteht zwischen der Nachahmung eines Bildes oder einer Vase und dem Nachbau eines Passagierflugzeugs oder einer Schwebebahn nicht ein gravierender Unterschied? Und warum beweist die Volksrepublik bei der Anpassung an internationales Recht nicht die gleiche Flexibilität wie bei der radikalen Umstellung von der Planwirtschaft auf den Markt? Fest steht, dass die Produktpiraterie in China seit der Einführung der ökonomischen Reformen zu einem wichtigen volkswirtschaftlichen Faktor avancierte.

Der in Ludwigshafen lehrende Sinologe Jörg-M. Rudolph verweist im Zusammenhang mit der Produktpiraterie auf einen Faktor, den er in der jüngeren Geschichte Chinas ortet: »Man darf nicht vergessen, dass die Volksrepublik nach ihrer Gründung umfangreiche technische Unterstützung durch die Sowjetunion erhielt. Als es dann in den sechziger Jahren zum ideologischen Bruch zwischen Moskau und Peking kam, zogen sich die russischen Ingenieure samt ihrer Technologie und ihres Know-hows quasi über Nacht zurück. Von diesem Zeitpunkt an kopierten ihre mit leeren Händen dastehenden chinesischen Kollegen alles, was sie in die Finger bekamen.«

Ganze Regionen – wie die Produktionszentren Wenzhou und Yiwu in der Provinz Zhejiang – leben mittlerweile vom Diebstahl geistigen Eigentums. Einschränkungen auf diesem Sektor würden also auch den Verlust von Millionen von Arbeitsplätzen mit sich bringen. In dem Bestreben, ihr Verhalten gegenüber Investoren zu begründen, erweisen sich Chinas Führer immer wieder auch als Meister der Rabulistik. Als einen legitimen Versuch, importierte Güter »wieder zu kreieren«, bezeichnet der Vizeminister für Wissenschaft und Technologie, Shang Yong, in einem Vortrag das Verfahren, westliche Waren geringfügig zu verändern und als eigene Leistung auszugeben.

Dabei hält nicht einmal die bei jeder Gelegenheit aufgestellte Behauptung, Chinas Kultur weise eine 5000 Jahre lange Kontinuität auf, einer kritischen Überprüfung stand. In ihrem Buch »Das andere China« berichten die in Peking lebenden Journalisten Andreas Lorenz und Jutta Lietsch über einen Archäologen, der in der Nähe des Gelben Flusses im Auftrag der Regierung verzweifelt nach Belegen für eine so weit zurückreichende Vergangenheit buddelt, aber über erheblich jüngere Zeugnisse bis zum Zeitpunkt des Interviews nicht hinauskam. Als die deutschen Rechercheure ihn nach der Existenz einer Schrift fragen, dem entscheidenden Beleg für die Begründung einer Kultur, antwortet er, so die Autoren, mit einer hilflosen Geste: »Nichts, null, keine Spur.«[3]

Die Sensibilität dieser Thematik dokumentiert ein Vorfall, der sich im Dezember 2008 an der Ostchinesischen Universität für Politik und Recht in Shanghai ereignet. Als ihr Professor Zweifel daran anmeldet, dass »Chinas 5000-jährige Geschichte« nicht nur »glorreich« gewesen sei, zeigen die Studenten ihn mit der Begründung an, diese Skepsis sei »konterrevolutionär«. Tatsächlich legen sowohl die Polizei als auch die Parteizentrale der Uni eine Akte an und ermitteln gegen den Wissenschaftler. Sein Internet-Blog wird von der Zensurbehörde gesperrt.

Auf jeden Fall liegt die Vermutung nahe, dass es sich auch bei den Versuchen, die gegenwärtige Praxis mit der Tradition zu erklären oder gar zu rechtfertigen, zumindest partiell um eine Instrumentalisierung zum eigenen Vorteil handelt. Auf diese Weise festigt China seinen Anspruch auf eine Sonderrolle in der Welt und versetzt sich in die Lage, die Mitgliedschaft in internationalen Institutionen wie der Welthandelsorganisation optimal zu nutzen: Man hält sich an ihre Regeln, solange es nützlich scheint, und man verweist auf die Übermacht des kulturellen Erbes, wenn man dagegen verstößt. Nach einer ähnlichen Doppelstrategie verfährt die Volksrepublik auf einem anderen politischen und ökonomischen Feld: Sie kauft sich dank ihrer Währungsreserven verstärkt in fremde Volkswirtschaften ein und reichert diese Ressource an, indem sie exakt von diesen Ländern Milliarden an Entwicklungshilfe kassiert. Um sie lockerzumachen, argumentiert man mit der Armut in den entlegenen Provinzen.

Wie man dort mit wohlgemeinten Präsenten umgeht, berichtet eine deutsche Goodwill-Delegation in einem in der Zeitschrift *Das neue China* abgedruckten Report: »In einem Laden entdecken wir Basketbälle und Tischtenniskellen, die wir als Geschenk … mitgebracht haben, hier zu einem Zehntel unseres Preises.«[4] Das heißt: Mit einer Ware, die einem kostenlos frei Haus geliefert wurde, macht man dem westlichen Hersteller zum Billigpreis Konkurrenz.

Der psychologische Synergie-Effekt des ständigen Hinweises auf die einzigartige Kultur: Er verstärkt bei Ausländern die Verunsicherung. »Natürlich«, sagt die Juristin Sabine Stricker-Kellerer, »muss man Rücksicht nehmen auf die fremden Sitten. Aber wenn man schon im Flugzeug damit beginnt, das korrekte Übergeben der Visitenkarte zu üben, dann schwächt man von vornherein sein Selbstbewusstsein. Das kommt auf ideale Weise einer Strategie entgegen, die es meisterhaft versteht, Druckszenarien aufzubauen.« Der China-Kenner Johann Vranic nennt die mögliche Konsequenz: »Wer Angst zeigt, hat schon verloren.«

Zu den Druckszenarien gehören auch die Pressekonferenzen, die in China häufig anberaumt werden, bevor ein Kontrakt unterschrieben wurde. Wer einen unverbindlichen »Letter of intend« vor laufender Kamera bereits als Durchbruch verkauft und damit auch zu Hause in seinem Betrieb hohe Erwartungen weckt, setzt sich unter einen Zugzwang, der sich trefflich ausbeuten lässt. »Man sollte«, sagt daher die deutsche Juristin, »niemals ein Projekt verkünden, bevor es unter Dach und Fach ist«.

Hijacking der Begriffe – es ist eine Methode, die sich auch im Bereich der Politik etabliert hat. Aber selbstverständlich, behauptet die chinesische Führung, bemühen wir uns um die Einhaltung der Menschenrechte und die Freiheit der Presse – aber wir verstehen eben etwas anderes darunter als der Westen. Deswegen verbieten wir uns jede Form der Einmischung. Oder: Auch wir kümmern uns um den Umweltschutz – aber er darf das Wachstum nicht gefährden. Die partielle Plausibilität solcher Argumente verfehlt die beabsichtigte Wirkung nicht: Für den ersten Moment paralysiert sie den Besucher. Dass diese Methode mittlerweile bis in die Sphäre der Philosophie vorgedrungen ist, belegt ein Besuch, den die Bundesbildungsministerin Annette Schavan im April 2008 der Volksrepublik abstattet.

Bei einer Veranstaltung in der Beida-Universität, von der im Frühjahr 1989 die Revolte gegen die Allmacht der Partei ausging, versäumt es die Politikerin nach Ansicht kritischer Beobachter, die Bedeutung der europäischen Aufklärung und ihres deutschen Verfechters Immanuel Kant herauszuheben. Sie verpasst demnach die Chance, einen Diskurs zu diesem Thema mit einem eigenen intellektuellen Schachzug zu eröffnen und überlässt stattdessen der chinesischen Seite die Deutungshoheit über einen so wichtigen Begriff. »Statt mit Kants scharfen und eindeutigen Worten«, so der Ludwigshafener China-Experte Jörg-Meinhard Rudolph in einem Kommentar zu der Veranstaltung, »den Kern der Aufklärung zu benennen und ihren chinesischen Zuhörern damit exakt das entscheidende Manko ihrer Gesellschaft bloßzulegen, ergeht sich der von ihrem ministeriellen Redenschreiber hingehauene Text in verquasten und unverständlichen Philosophiererein. Dabei hätte es Kant ihr so leichtgemacht.«

Wie leicht, verdeutlicht der Wissenschaftler mit einem Text des Philosophen, mit dem er seinen Kommentar anreichert: »Aufklärung ist der Ausgang des Menschen aus seiner selbstverschuldeten Unmündigkeit. Unmündigkeit ist das Unvermögen, sich seines Verstandes ohne Anleitung eines anderen zu bedienen ... Habe Mut, dich deines eigenen Verstandes zu bedienen! ist also der Wahlspruch der Aufklärung. Faulheit und Feigheit sind die Ursachen, warum ein so großer Teil der Menschen, nachdem sie die Natur längst von fremder Leitung freigesprochen, dennoch gerne zeitlebens unmündig bleibt; und warum es anderen so leicht wird, sich zu deren Vormündern aufzuwerfen. Es ist so bequem, unmündig zu sein. Habe ich ein Buch, das für mich Verstand hat, einen Seelsorger, der für mich Gewissen hat, einen Arzt, der für mich die Diät beurteilt usw., so brauche ich mich ja nicht selbst zu bemühen.«

Das ist ein Plädoyer für die Selbstbestimmung und die Eigenverantwortung des Individuums. »Es dürfte«, so spekuliert der Ludwigshafener Sinologe über dessen Wirkung, »kaum einen wenigstens halbwegs gebildeten Chinesen geben ..., dem bei diesen Worten nicht sofort das Stichwort ›China‹ eingefallen wäre, die Obrigkeiten aller Art von Elternhaus übers Einwohnerkomitee bis hinauf zum sakrosankten Politbüro, und deren kleinliche Gängelungen, Einmischungen, Besserwissereien und Unterdrückung des freien Wortes, denen er zeitlebens unterworfen ist ... In China ist nämlich die Aufklärung bis heute nicht angekommen, die Gesellschaft liegt ca. 300 Jahre hinter der europäischen zurück. In dem großen Land geht es ganz offiziell nach der Richtlinie des Großen Kurfürsten von Brandenburg zu, der seinem ... Volk einst einschärfte, dass es ›dem Untertan untersagt (ist), den Maßstab seiner beschränkten Einsicht an die Handlungen der Obrigkeit anzulegen‹.«

In das intellektuelle Vakuum, das die Repräsentantin der Bundesregierung in Peking hinterlässt, stößt – nach dem Prinzip »Hijacking der Begriffe« – mit Verve der Leiter der Germanistik-Abteilung an dieser Universität. Die akribisch vorbereiteten Ausführungen des Thomas-Mann-Experten Huang Liaoyu gipfeln in der Behauptung, die Idee der Aufklärung habe sich in China viel früher verbreitet als im Westen. Der Philosoph Konfuzius sei ihr Urheber. »Insofern«, so der Wissenschaftler in seinem Referat, »kann man ruhig sagen, dass der konfuzianische Chinese ein in europäischem Sinne Aufgeklärter ist.«[5]

Dabei gibt es in Wahrheit wohl keine Lehre, die das Recht auf individuelle Freiheit stärker einschränkt als der auf Hierarchie und Gruppendisziplin fixierte Konfuzianismus. Nach den Kriterien der Aufklärung ist diese Geisteshaltung, vor allem in der Kombination mit kommunistischer Unterdrückung, sogar reaktionär. Auch chinesische Intellektuelle, die das eigene Denken trotz aller Pressionen nicht verlernt haben, sehen das so.

»Der ganze, große Kampf um die gesellschaftliche Entwicklung des Landes«, klagt der Pekinger Konzeptkünstler Ai Weiwei, »muss sich immer noch dem Primat des Machterhalts der Kommunistischen Partei unterordnen. Er kann nicht für die Verbesserung der menschlichen Lebensbedingungen geführt werden. Das ist unser Dilemma ... Der Einzelne handelt nicht aus individuellen Motiven, Verantwortungsgefühl oder Leidenschaft. Er passt sich vielmehr dem System und seiner mörderischen Entwicklung an.«[6]

Sich einer westlichen Idee bemächtigen, sie nach eigenem Gutdünken und Interesse zurechtzimmern, das ursprüngliche Etikett aber belassen – bei dem an der Pekinger Beida-Universität mit Hilfe der deutschen Gäste praktizierten »Hijacking der Begriffe« handelt es sich um ein Muster, das auch dem Pipeline-Experten Eginhard Vietz, dem Motorsägen-Hersteller STIHL oder dem Autozulieferer Schaeffler vertraut ist. Obwohl ihnen dieses Zugeständnis nicht leichtfällt, bekennen sich diese Unternehmen mittlerweile dazu, ausgetrickst worden zu sein. Viele deutsche Politiker aber verabschieden sich selbst dann nicht von ihrer Blauäugigkeit und Beflissenheit, wenn sie, wie Hamburgs Erster Bürgermeister Ole von Beust, auf die geballte Arroganz ihrer chinesischen Partner stoßen.

Als der Senatschef mit einer Delegation aus Politik, Wirtschaft und Kultur die Metropole Peking besucht, steht auch ein Treffen mit dem chinesischen Vize-Premier auf dem Programm – ein hierarchisch einigermaßen ausgewogenes Arrangement. Nur: Der chinesische Politiker sagt kurz vor dem geplanten Gespräch ab. Das tut auch der als Ersatz nominierte Handelsminister. Die Spitzenkader, so die Begründung, müssten sich auf die bevorstehende Sitzung des KP-Zentralkomitees vorbereiten – eine Unverschämtheit, wenn man bedenkt, dass die deutsch-chinesische Konsultation fest vereinbart war und die Einhaltung der Form im Reich der Mitte zu den gesellschaftlichen Dogmen gehört.

Zu keinem der anderen auf der Agenda stehenden Termine erscheint die deutsche Abordnung pünktlich. Der Grund: Ihre Autos sind stundenlang in den für Peking typischen Verkehrsstaus eingekeilt. Hochrangige chinesische Politiker, die deutsche Städte besuchen, erwarten unter ähnlichen Umständen eine angemessene Polizei-Eskorte – und die wird ihnen in der Regel auch gewährt.

Selbst die Unterbringung der Gäste aus der Hansestadt gerät zum Eklat. »Im Hotel«, übermittelt der Reporter Jens Meyer-Wellmann seinem *Hamburger Abendblatt*, »kam es dann zu einem schier endlosen Hickhack, weil offenbar zu wenige Zimmer gebucht waren, so dass Teile der Delegation erst nach einigen Stunden einen Raum bekamen. Ein Mitreisender traf in seinem Zimmer gar auf einige halbbekleidete Chinesen, die dort bereits eingemietet waren – eine Schrecksekunde für beide Seiten.« Protest oder wenigstens Unmut meldet der mitgereiste Journalist nicht. »Ole von Beust«, berichtet er stattdessen, »… nahm die Kette von Missgeschicken mit Humor. Wer Christ sei, müsse fröhlich sein, so sein Motto.«[7]

So sympathisch so viel Langmut auch sein mag – politisch und atmosphärisch ist er als Reaktion auf eine solche Behandlung hochrangiger Gäste unangemessen. Wer seine Herabsetzung klaglos hinnimmt, macht sich aus der Sicht der auf Rituale fixierten Gastgeber ein zweites Mal kleiner. Und er degradiert Ursachenforschung zum Rätselraten. Wurde von Beust abgestraft, weil ein Bundespolitiker mal wieder Kritik an der Tibet-Politik Chinas geübt hatte? Oder ist man in der Hauptstadt vielleicht pikiert darüber, dass Hamburg mit Pekings alter Rivalin Shanghai eine Partnerschaft schloss?

Am Beispiel dieser seit mehr als zwanzig Jahren währenden

Liaison lässt sich musterhaft demonstrieren, wie geschickt die chinesische Seite solche in Wohlwollen und Harmonie gebetteten Kontakte für ihre Zwecke zu nutzen versteht und wie meisterlich sie die Kunst der Rabulistik beherrscht. So gilt ein Teehaus, das im September 2008 im Hamburger Viertel Rotherbaum seiner Bestimmung übergeben wird, offiziell als »Geschenk Shanghais an die Partnerstadt«. Dabei werden zunächst die Chinesen mit einer großzügigen Vorleistung beschenkt: Mit einem 3400 Quadratmeter großen Areal, das man ihnen im Rahmen des Erbbaurechts für dreißig Jahre kostenlos überlässt und das dem Fiskus, würde er es auf dem freien Markt veräußern, Millionen einbrächte.

Wer die Prioritäten richtig zu deuten vermag, erkennt schon bei der Eröffnungszeremonie, dass es sich hier nicht ausschließlich um ein kommunales, also in erster Linie dem Gemeinwohl verpflichtetes Unternehmen handelt, sondern dass dieser »Garten der Freude« in starkem Maße kommerziellen Zielen dient. Zu den aus Shanghai entsandten Honoratioren gehört der Manager eines Konzerns, der als Bauherr auftritt und im Teehaus das China-Restaurant betreibt. Im Klartext: Die Hansestadt subventioniert mit ihrem Grundstücks-Geschenk ein chinesisches Großunternehmen zu Lasten von alteingesessenen chinesischen Familien, die mit ihren Restaurants täglich um ihr wirtschaftliches Überleben kämpfen. Auch den China-Tourismus will man mit der neuen Einrichtung ankurbeln. Und für die bevorstehende Expo in Shanghai soll sie werben. Aus dem Steuertopf privatwirtschaftliche Interessen fördern – das kollidiere, wie mir Experten versichern, mit dem EU-Wettbewerbsrecht.

Während Hamburg bei dem Festakt mit seinem Regierungschef präsent ist und der Shanghaier Konzern seinen Boss schickt, entsendet die Partnerstadt den Vizevorsitzenden des lokalen »Komitees der politischen Konsultativkonferenz des chinesischen Volkes« – ein zweitrangiger Politiker, gemessen an der Bedeutung eines Ersten Bürgermeisters, der immerhin mit dem Ministerpräsidenten eines Bundeslandes zu vergleichen ist. In einer Pressemitteilung der Hamburger Senatskanzlei befördert man den Gast – nun allerdings in bester chinesischer Manier – zum »führenden Mitglied der Shanghaier Stadtregierung«.

Auch ein Kernpunkt des kulturellen Angebots fordert eine kritische Würdigung heraus. Dabei geht es um das Konfuzius-Institut, das in die Hamburger Universität integriert ist und das den neuen Komplex für einige seiner Veranstaltungen nutzt. Mehr als dreihundert solcher Dependancen, mit denen es seinen ökonomischen und politischen Vormarsch ideell unterfüttern will, betreibt Peking mittlerweile in 78 Ländern und Regionen. Schon 2020 sollen es etwa tausend sein. »Wird dabei«, fragt angesichts dieser Offensive das 3-SAT-Magazin *Kulturzeit*, »unter dem Deckmantel der Kultur auch Ideologie mitverkauft?«[8]

Die für den österreichischen Sender ORF arbeitende Publizistin Cornelia Vospernik gibt eine klare Antwort: »Dass China mit dem Ausbau dieser öffentlich geförderten Institute auch Propagandazwecke verfolgt, ist unbestritten.«[9] Als der in Hamburg residierende chinesische Generalkonsul Ma Jinsheng im Herbst 2008 im Teehaus eine Dialog-Serie des Instituts eröffnet, bestätigt er diese Einschätzung ziemlich unverblümt. »Wir haben besonders in diesem Jahr vieles erleben müssen«, hebt er auf die westliche Kritik an der Tibet-Politik ab: »Es war … sehr viel los, mit China, über China und um China. Das zeigt auch, eine bessere Verständigung und ein besseres Verständnis für China ist wichtiger denn je.«[10] Damit meint er natürlich nichts anderes als die Position der chinesischen Führung.

Spitzenkader wie der Konsul vergleichen das Konfuzius-Institut gern mit dem ebenfalls global tätigen deutschen Goethe-Institut. Damit setzen sie sich keck über einen nicht nur feinen, sondern gewaltigen Unterschied hinweg. Während die einen eine diktatorische Struktur mit einer repressiven Philosophie vermengen und Gastrecht in deutschen Universitäten genießen, tragen die anderen die deutsche Kultur mit ihrer ganzen kritischen Substanz in die Welt – was ihnen in der Volksrepublik, wo die Partei ihr waches Auge auf ihre Aktivitäten wirft, allerdings in der Regel verwehrt bleibt. Es sei in diesem Zusammenhang daran erinnert, dass es auch ein demokratisches China gibt: Taiwan. Aber mit diesem Staat pflegt die Bundesrepublik aus Gründen der politischen und ökonomischen Opportunität keine diplomatischen Beziehungen.

Mit welcher Selbstverständlichkeit die chinesische Seite die Dominanz für sich beansprucht, macht im Zusammenhang mit dem Hamburger Teehaus auch ein anderes Beispiel deutlich. Als eine dem deutsch-chinesischen Austausch verpflichtete Organisation um eine Nutzung der Räumlichkeiten ersucht, pocht der Betreiber auf eine präzise Liste der geplanten Referate. Der Konzernzentrale in Shanghai, so räumt das Management freimütig ein, soll sie zur Genehmigung vorgelegt werden. Man fragt sich, wie man dort wohl auf ein kritisches Thema reagieren würde.

Unübersehbar sind die kulturellen Kollateralschäden, die das Projekt verursacht. Inmitten eines Quartiers aus Barock- und Jugendstilbauten wirkt es wie ein klotziger Fremdkörper. Und die Sportstudenten der Hamburger Universität beklagen den Verlust von vier Tennisplätzen, den der ausufernde Neubau mit sich bringt.

Keiner der allerdings verschwindend wenigen Kritiker zweifelt an der Notwendigkeit eines deutsch-chinesischen Dialogs und an dem konstruktiven Beitrag, den ein Teehaus und ein Kultur-Institut dazu leisten können. Als bestürzend empfinden sie es allerdings, dass sich Repräsentanten eines freiheitlich verfassten Landes gegenüber den Interessenvertretern einer Diktatur und eines Konzerns bisweilen wie Untertanen verhalten und dass sie ihre Aktivitäten mit einer affirmativen Verve verkaufen, als gehörten ihre Partner einer demokratischen Gesellschaft an.

10.

»Endlich mal eine Dusche, die funktioniert«

Erdenglück statt Himmelreich

Thailand, Indonesien, Malaysia, Burma, Laos, Kambodscha, die Philippinen ... Das sind Staaten im Südosten Asiens, die sich, obwohl sie sich geographisch ziemlich nahe sind, zum Teil diametral voneinander unterscheiden. Zu sehr divergieren ihre kulturellen und historischen Wurzeln, ihre politischen Systeme, ihre ökonomischen Perspektiven, aber auch ihre Religionen, deren Spektrum vom Buddhismus über das Christentum bis zum Islam reicht. Nur in einem Punkt sind sich diese Länder vollkommen gleich: Die Bürger chinesischer Herkunft machen lediglich einen Bruchteil der Bevölkerung aus, doch sie sitzen an den Schalthebeln der Wirtschaft.

Jeder westliche Investor, Kaufmann oder Ingenieur, dessen Radius bis in die chinesische Einflusssphäre jenseits der Volksrepublik reicht, wird automatisch konfrontiert mit dieser Konstellation. Ein Angehöriger der ethnischen Mehrheit trägt ihm in Bangkok, Jakarta oder Kuala Lumpur in der Regel die Koffer aufs Hotelzimmer. Ein Chinese wartet in der Lobby auf die erste Verhandlungsrunde mit ihm. Und wenn er nach den kulturellen Hintergründen forscht, stößt er unweigerlich auf ein weiteres Element des Konfuzianismus. Diese Philosophie fördert nämlich nicht nur die uneingeschränkte Identifikation mit dem nationalen Erbe und die Unterordnung unter eine strikte Hierarchie, sondern, trotz mancher zu Bescheidenheit und Edelmut mahnender Passagen, auch eine ausgeprägte materialistische Einstellung, also das Streben nach Geld und nach Gut. Nicht mit Gerechtigkeit in einem fernen Himmelreich vertröstet sie ihre Anhänger. Ihre gedankliche Heimat ist das Hier und das Heute.

»Mit Konfuzius«, sagt der Pekinger Germanist Huang Liaoyu, »fängt es also an, dass zum Gegenstand der Betrachtung chinesischer Geister nur werden kann, was im Leben auf Erden passiert und existiert; Konfuzius ist also der Begründer einer Tradition, durch die wir Chinesen das geworden sind, was mitunter bei den Europäern ein Kopfschütteln hervorruft.«[1] Im Gegensatz zu seinem abenteuerlichen Versuch, Konfuzius zum Aufklärer umzudeuten, liegt der Wissenschaftler mit dieser Einschätzung auch nach Ansicht international anerkannter Kollegen absolut richtig.

»In seiner Morallehre«, bestätigt zum Beispiel der französische Sinologe Jacques Gernet, »fehlt jeder abstrakte Imperativ. Sie ist vielmehr praxisbezogen, wobei der Meister sowohl jeden besonderen Umstand als auch den Charakter jedes einzelnen Schülers berücksichtigt.«[2] Eine Orientierung am Diesseits plus Flexibilität – für materiellen Erfolg ist dies eine ideale Basis.

»Die Tatsache«, so der amerikanische Politikwissenschaftler Francis Fukuyama, »dass chinesische Gesellschaften, wo immer es die Regierungen zulassen, ein ähnlich erfolgreiches Muster wirtschaftlichen Verhaltens entwickeln, spricht dafür, dass dieses Verhalten ein natürliches Element der chinesischen Kultur ist.«[3] Es ist ein Charakterzug, der den Chinesen, die im Laufe ihrer Geschichte zu Millionen vor der Armut in ihrem Land flohen, auch den Alltag in der Diaspora erleichtert. Die Familie, oft erweitert zum Clan, wird durch das gemeinsame materielle Interesse, das dem Wehklagen keinen Raum bietet, zusammengehalten. Integrationsschwierigkeiten sind weltweit unbekannt. Man will sich gar nicht integrieren, sondern unter sich bleiben. Diese ethnischen Zellen bilden die Basis eines internationalen ökonomischen Netzwerkes, von dem gegenwärtig auch das chinesische Mutterland durch Investitionen und Kredite massiv profitiert.

Schon 1926 erklärt der Sinologe Basil M. Alexejev in einem Referat in der »School of Oriental Studies« der Universität London: »Wenn die Verehrung des Geldgottes anhand dokumentarischer Beweise sorgfältig untersucht werden würde, käme der Kern der chinesischen Volksreligion zum Vorschein.«[4]

1989 wird dieser Vortrag in dem stark konfuzianisch ausgerichteten, in großer Mehrheit von Chinesen bewohnten Stadtstaat Singapur erneut publiziert. Als ich mich dort 1992 nach meinen acht Jahren in Peking als Korrespondent niederlasse, stoße ich auf eine offizielle pädagogische Direktive, nach der Eltern ihre Kinder so früh wie möglich mit der Bedeutung des Geldes vertraut machen sollen. Und den lokalen Zeitungen entnehme ich fast täglich, dass zwischen dem boomenden südostasiatischen Finanzzentrum und der Volksrepublik China nicht nur ein reger ökonomischer, sondern auch ideeller Austausch stattfindet.

Etwa 240 000 Unternehmer gibt es zu diesem Zeitpunkt in dem Land, in dem die Mechanismen des Marktes nur zwei Jahrzehnte zuvor noch als kapitalistisches Teufelswerk galten. Im Jahre 2006 sind es bereits mehr als drei Millionen Unternehmer. Um ein Vierfaches wächst zwischen 1980 und der Jahrhundertwende das Bruttosozialprodukt. Um die zehn Prozent steigt bis zu der internationalen Finanzkrise, die auch China nicht verschont, Jahr für Jahr die Wirtschaft.

Der Reformer Deng Xiaoping trifft also einen gesellschaftlichen Nerv und bedient ein spezifisches Talent, als er vom Kollektivismus auf Kapitalismus umschaltet und propagiert, reich zu werden sei »keine Schande«. Seine eigenen Kinder machen sich sofort ans Werk und demonstrieren eindrucksvoll, wie man unter kapitalistischen Bedingungen schnell zu Geld kommt. Als einige Jahre später ein Shanghaier Magazin Schüler nach ihren Zielen fragt, antworten 41 Prozent, sie wollten »Millionär« werden. Zu den »neuen Idolen« der chinesischen Jugend, so berichtet im Frühjahr 2007 die Zeitschrift *Das neue China*, gehörten neben »diversen Popstars oder dem Fußballstar Ronaldo«[5] der amerikanische Milliardär Bill Gates oder der damalige US-Notenbankchef Alan Greenspan.

Ich habe noch plastisch die Besuche vor Augen, die ich 1985 nach dem Beginn meiner Korrespondententätigkeit chinesischen Schulen abstatte. Als wir seinerzeit die Kinder nach ihren Berufswünschen fragen, beschränken sich die Antworten weitgehend auf drei Perspektiven: Astronaut, Pilot, Kader. Und alle Jungen und Mädchen versehen ihre Aussage, natürlich auf Geheiß ihrer Lehrer, mit einem stereotypen Zusatz: »... weil ich meinem Land dienen will.«

Spekulieren statt Diskutieren, Konsum statt Verzicht, Risiko statt Sicherheit – dieser innerhalb kürzester Zeit vollzogene Wechsel von einem Extrem ins andere führt bei der nachholbedürftigen Bevölkerung zu einer so einseitigen Fixierung auf das Geld, dass auf Unverständnis stößt, wer freiwillig darauf verzichtet. So ergeht es zum Beispiel dem deutschen Studenten und späteren Manager Johann Vranic, als er 1986, einem der reformfreudigsten Jahre in der Volksrepublik, in einem Wohnheim in Tübingen mit einem chinesischen Kommilitonen über seine berufliche Perspektive redet. Der junge Mann hat erkannt, dass China-Tourismus zu den neuen Marktlücken gehört und schlägt vor, gemeinsam in dieses Geschäft einzusteigen. »Für ihn«, erinnert sich Vranic, »war es nicht nachvollziehbar, dass ich dies mit der Begründung ablehnte, erst mal mein Studium beenden und mich intensiv mit der Kultur Chinas beschäftigen zu wollen.«

Ich selbst reise 1986 als Korrespondent mit einem Team

durch das Hochland von Tibet. Am Fuße eines 5200-Meter-Passes kommen uns zwei junge Radfahrer entgegen, die diese Höhe gerade bewältigt haben. Immer wieder um Luft ringend, erzählen sie uns in einem Interview, dass sie aus der baden-württembergischen Kleinstadt Bietigheim stammen und sich vor ihrem Studium unbedingt einer physischen und geistigen Herausforderung stellen wollten. Noch heute sehe ich das fassungslose Gesicht unseres chinesischen Studio-Mitarbeiters vor mir. Sich ohne materiellen Gewinn einer solchen Strapaze auszusetzen – das vermag er nicht zu begreifen. »Die sind verrückt«, murmelt er damals immer wieder vor sich hin. »Die sind verrückt.« Ähnlich schätzt man in China westliche Menschenrechtler ein, die sich, ohne einen materiellen Vorteil davon zu haben, für das kleine Bergvolk im Westen des Landes einsetzen. In der Vorstellungswelt der Chinesen treibt die Kritiker nur ein Motiv: Neid auf den wirtschaftlichen Erfolg der Volksrepublik.

Sich nur auf Anstrengungen zu konzentrieren, die einen konkreten Nutzen bringen – so denken und handeln Pragmatiker. Und auch China-Experten, die in dem einen oder anderen Punkt anderer Ansicht sind als ich, werden mir nicht widersprechen, wenn ich nach acht Berufsjahren in diesem Land behaupte, dass auch die Kunst, aus begrenzten Möglichkeiten das Beste zu machen, zum chinesischen Volkscharakter gehört. Wie die Kriegslist wurzelt sie in den Zwängen einer Überlebensgesellschaft, und man darf sagen, dass man auf diese Eigenschaft, aller Verschleierungstaktik zum Trotz, auch bei geschäftlichen Verhandlungen bauen kann. Vielleicht ist sie sogar die einzige verlässliche Größe.

Von keinem Geringeren als dem Reformer Deng Xiaoping stammt der legendäre Ausspruch, der zweckbetontes, von Ideologie freies Handeln zur obersten Maxime erhebt: »Es ist egal, ob die Katze weiß oder schwarz ist, wenn sie nur Mäuse fängt.« Eine geniale Variante zu diesem Bild stammt von dem Philosophen Konfuzius: »Ob eine schwarze Katze am Morgen Unglück bringt, hängt davon ab, ob man ein Mensch ist oder eine Maus.«

Immer wieder bin ich nach meiner Rückkehr aus China in Interviews gefragt worden, ob ich von der einheimischen Bevölkerung etwas gelernt habe. Meine Antwort: pragmatisches Denken, einschließlich der Fähigkeit, im scheinbar Negativen das Positive zu erkennen. Auch in dieser Hinsicht gehört der chinesische Dolmetscher in unserem Studio zu meinen Lehrmeistern. Eine seiner eindrucksvollsten Lektionen erteilt er mir bereits im Januar 1985 während unserer ersten gemeinsamen Drehreise. Unser Ziel ist die Industriestadt Qiqihar, durch deren Gassen der kalte Wind aus dem nahegelegenen Sibirien weht. Unser Thema: Zum ersten Mal wird hier das chinesische Neujahrsfest nach dem Ende der Kulturrevolution auf traditionelle Weise gefeiert – mit Löwentanz, Feuerwerk, Zimbelklang und einem Arrangement aus Skulpturen, die man aus dem Eis des Heilongkiang, des Schwarzdrachen-Flusses, formt.

Nicht nur draußen in der tristen Stadt, sondern auch in unserem heruntergekommenen Staatshotel herrschen Temperaturen weit unter dem Gefrierpunkt. Als unser chinesischer Dolmetscher nach anstrengender Arbeit in sein Zimmer zurückkehrt, haben es sich dort bereits zwei kettenrauchende Landsleute bequem gemacht – Schlamperei bei der Reservierung. Nach dem mühsam erkämpften Umzug in einen anderen Raum entdeckt unser Kollege an den Wänden und an der Decke dicke Tropfen – Wasserrohrbruch. Als ich ihn zu einer Besprechung aufsuche, steht er, Seife und Handtuch in Reichweite, unter dem Schwall, zu dem sich das Nass verdichtet hat. Er sagt: »Endlich mal eine Dusche, die funktioniert.« Sein Augenzwinkern verrät, dass bei seiner Aussage schwarzer Humor mitschwingt. Aber auch der lässt sich ja unter der Rubrik »Pragmatismus« verbuchen.

Einige Jahre später drehen wir wieder bei einem Neujahrsfest, diesmal in einem Dorf in der Nähe der Hauptstadt. Im
örtlichen Tempel drängen sich die Menschen – und dieses
ungewöhnliche Bild verführt mich im ersten Moment zu dem
Schluss, China wende sich nach Jahrzehnten eines von oben
verfügten Atheismus dem Glauben zu. Doch dann schwen-
ke ich mit den Augen die Gegenstände auf den Simsen ab.
Ich entdecke Buddhafiguren und Christuskreuze, taoistische
Symbole, islamische und konfuzianische. Wer allen Richtun-
gen huldigt, so der pragmatische Ansatz, wird auch von allen
etwas zurückbekommen. Und dabei geht es in erster Linie
nicht, wie mich unser Dolmetscher aufklärt, um das Heil der
Seele, sondern um das materielle Wohl.

Aus allen Quellen einen Vorteil schöpfen und daraus eine
Essenz mixen, die den eigenen Bedürfnissen dient – das Prinzip, dem man in diesem vom Schein der Kerzen mystisch aus-
geleuchteten Tempel huldigt, entspricht genau dem Muster,
nach dem das Land die technologischen Errungenschaften
der westlichen Welt für seine Zwecke nutzt. Auch in der Philosophie gibt es diese Methode des Zusammenrührens von
Ideen ohne nennenswerten eigenen gedanklichen Beitrag.
»Eklektizismus«, so der Publizist Mark Siemons zum Stellenwert dieser Geisteshaltung in der chinesischen Gesellschaft,
»ist geradezu Programm.«[6]

Dass pragmatisches Denken im Zweifelsfall sogar der politischen Disziplin überlegen sein kann, erlebt der deutsche
Manager Johann Vranic während seiner zweijährigen Mission in der Provinzhauptstadt Jinan. »Irgendwann«, erinnert
er sich, »habe ich einer Geschäftspartnerin mal auf sehr diskrete Weise zu verstehen gegeben, dass ich Probleme mit
ihrer Mitgliedschaft in der KP habe. Daraufhin hat sie sofort
gesagt: ›Wenn ich dadurch finanzielle Nachteile habe, trete
ich sofort aus. Kein Problem!‹«

Bei seinen Verhandlungen fällt dem Manager auch ein

Wesenszug auf, den alle Geschäftsleute, die ich für dieses Buch interviewe, bestätigen: die Passion fürs Pokern. »Meine chinesischen Partner«, berichtet Vranic, »haben immer so taktiert, dass bis zum Schluss alles offen blieb. Stets brachten sie Phantasiesummen ins Spiel, die auch dazu dienten, mich zu bluffen. Hatten sie am Ende gewonnen – und das war fast immer der Fall – reagierten sie mit orgiastischer Freude.«

»Und wie haben Sie auf dieses Verhalten reagiert?«

»Zunächst typisch deutsch. Und das bedeutet: sofort sagen, was Sache ist und die Verhandlungen zügig zu Ende bringen. Als ich merkte, dass das überhaupt nicht gut ankam, habe ich mitgezockt. Und da hat man mir gesagt: Du bist wohl gar kein Deutscher! Für einen Deutschen bist du viel zu flexibel.«

In meine Berufsjahre in China fällt die Wiedereröffnung der Börse in Shanghai. Als wir dort kurz darauf drehen, fängt die Kamera Szenen ein, die an die Stürmung eines Lebensmittellagers während einer Hungersnot erinnern. Ein derartiges Leuchten in den Augen kannte ich bis dahin nur von den Soldatinnen des Roten Frauenbataillons, das in einer der Revolutionsopern eine feindliche Bastion stürmt.

Und: Chinesen sind in den Kasinos der Welt die besten Kunden. Dass dies kein plattes Vorurteil ist, wird jeder Beobachter, der nicht zu politisch korrekter Vorsicht neigt, bestätigen. Aufsehen erregt 2007 ein spektakulärer Fall aus der chinesischen Provinz: Umgerechnet 240 Millionen US-Dollar, so findet die Polizei heraus, hat die Leiterin der Postbank in der im Süden des Landes gelegenen Stadt Foshan von Sparkonten abgeräumt, um sie beim Roulette zu verspielen.

Auch ich beschäftige mich während meiner Korrespondentenjahre immer wieder mit diesem Phänomen und produziere darüber einen Film für den *Weltspiegel*. Konkret geht es dabei um eine Hausfrauen-Initiative, die irgendwo in der Provinz gegen die Spielsucht ihrer Haus und Hof verzockenden Männer ankämpft. Mit dem analytischen Teil im Kommentar tue ich mich so schwer wie bei kaum einem anderen Beitrag. Am Ende biete ich dem Zuschauer zwei wesentliche Begründungen für diese landestypische Leidenschaft an. Erstens: Wen die Tradition zu lebenslanger Haft im Käfig der Konventionen verurteilt, der sehnt sich nach einem Kick, der ihn wenigstens hin und wieder ins Reich des Risikos katapultiert. Zweitens: Wo materielle Güter eine so dominante Rolle spielen wie in China, da übt die Verheißung, sie auf einen Schlag zu vermehren, einen besonderen Reiz aus. – Und genau deshalb wird der Verhandlungstisch so häufig zum Spieltisch.

11.

»Oh sorry, English we not speak«
Konzerne als Konkubinen

»Rehauge« heißt eine der Heldinnen in dem Report, den der Manager Johann Vranic über seine Zeit in der chinesischen Provinz schreibt. Weil sie so unschuldig in die Welt schaut, nennt er sie so. Die beiden Zöpfe, die auf ihrer Schulter ruhen, runden das Bild der Naivität ab. Sechs engbedruckte Seiten widmet der Autor der jungen Frau. Das liegt daran, dass sich bei ihr die Erscheinung und die Existenz in einem krassen Gegensatz zueinander befinden und dass er selbst, wenn auch ohne Absicht, zu diesem Zustand beitrug.

Die Geschichte beginnt in einer kleinen Werkstatt, in der das Fräulein Xia als Seidennäherin arbeitet. Im Auftrag des deutschen Stammkunden hat sie einen Rock geschneidert, und als sie ihn im Beisein ihres Chefs vorführt, stellt sich heraus, dass mit den Falten etwas nicht stimmt. Weil er in diesem Moment vor einem wichtigen Kunden sein Gesicht verliert, feuert der Besitzer seine Näherin auf der Stelle. Er wird dabei so laut, dass, wie Vranic schreibt, »die Wände wackeln.«

Dem deutschen Manager lässt der Vorfall keine Ruhe. »Ich fühlte mich an der Geschichte mitschuldig und ging wieder in den Laden, um den Schaden finanziell zu ersetzen, aber der Meister ließ dies nicht zu und wollte die Sache auf seine Art geregelt haben. Er hatte es sehr einfach und konnte Willkür walten lassen, denn keine der Mitarbeiterinnen hatte einen Arbeitsvertrag.«

Vranic, dem das Schicksal der jungen Frau schlaflose Nächte bereitet, beginnt zu recherchieren. Irgendwann gelingt es ihm, sich mit ihr in einem Restaurant zu verabreden. Nach längerem Herumdrucksen beginnt sie sich zu öffnen. Ihrer Familie, so beichtet sie, spiele sie vor, noch immer in der Werkstatt zu arbeiten. Auch unterstütze sie ihren Vater und ihre Mutter nach wie vor mit einem finanziellen Zuschuss. Das geböten die »alten chinesischen Pietätsregeln« gegenüber den Eltern. Woher sie das Geld habe, hakt der Manager nach. Ein Freund schenke es ihr, weicht seine Gesprächspartnerin aus.

Doch dann kommt scheibchenweise die Wahrheit ans Tageslicht. »Im Verlauf der Unterhaltung«, so der Kaufmann, »stellte sich heraus, dass sie Konkubine eines Staatsbeamten geworden war. Es überraschte mich aufs Neue, welche Macht die Tradition noch hatte. Die junge Frau verkaufte sich, bloß um die Familienharmonie zu wahren.«

Die Macht der Gewohnheit mehrt die Macht des Gebieters. Seine Geliebte ist von ihm abhängig, also kann er sie, je nach Lust und Laune, verwöhnen oder gängeln, fördern oder fallenlassen. Häuft er durch Korruption und dubiose Geschäfte noch mehr Reichtum an, versetzt ihn das in die Lage, sich einen ganzen Harem von Konkubinen anzulegen. Das wiederum ermöglicht es ihm, die um seine Gunst und Gnade buhlenden Leibeigenen gegeneinander auszuspielen. So war es schon am Kaiserhof, wo Konkubinen Karriere machen konnten, aber auch, wenn sie sich unbotmäßig verhielten, zu Mägden degradiert wurden.

Wo sie gänzlich ungeschminkt feudale Verhältnisse offenbart, weist die Geschichte von der gefallenen Näherin deutliche Parallelen zur ökonomischen Gegenwart Chinas auf – insbesondere, was das Verhältnis der Mächtigen zu den westlichen Investoren betrifft. Nach dem seit Jahrhunderten bewährten Prinzip »Barbaren durch Barbaren beherrschen«

setzt man sie – wie einst die Konkubinen – in Konkurrenz zueinander und profitiert von den Kämpfen, die sie auf dem chinesischen Terrain gegeneinander ausfechten.

Von einer »Konkubinenwirtschaft« spricht folgerichtig der Autor Frank Sieren, der seit 2008 für die Wochenzeitung *DIE ZEIT* aus Peking berichtet.[1] Diese Gefangenschaft in der Garotte der Abhängigkeit schließt eine Entwicklung ab, die mit der Verkündung der Reformpolitik Ende der siebziger Jahre begann und die im Laufe der Zeit ein immer raffinierteres, auch auf den alten Kriegslisten beruhendes Arsenal an Druckmitteln hervorbrachte. Am plastischsten lässt sich dies am Beispiel der Autoindustrie, einem der wichtigsten Wirtschaftszweige, illustrieren.

So agieren nach dem Willen der chinesischen Führung unter dem Dach der mächtigen »Shanghai Automotive Industry Corporation (SAIC)« zwei unmittelbare westliche Konkurrenten: der deutsche Volkswagen-Konzern und das amerikanische Unternehmen General Motors. Der Vorteil: Die Matrone hat ihre Kinder immer unter Kontrolle und kann sie, was Investitionen, Technologie-Transfers oder Marktanteile betrifft, jederzeit gegeneinander ausspielen.

Die Regisseure solcher Arrangements sind – wie schon zu Zeiten der Dynastien – ganz oben angesiedelt in der Hierarchie. »Früher«, schreibt der China-Experte Sieren, »wurden die Gespielinnen des Kaisers von der Kaisermutter und hohen Hofbeamten ausgesucht; manchmal waren sie auch Tribut oder Versöhnungsgeschenk ausländischer Herrscher ... Die Partnerwahl in der Automobilwelt erledigt heute die staatliche Entwicklungskommission, wobei sich ihre Auswahlkriterien auffallend ähneln.«[2]

Zu welchen Konsequenzen diese Konstellation in der Praxis führen kann, schildert ein bei *SPIEGEL-online* erschienener Report über die Pekinger Automesse im Frühjahr 2008. »Schön«, so der Autor Tom Grünweg, »ist zum Beispiel der ›F 8‹ einer Firma mit dem hintersinnigen Namen ›Build your Dream‹. Das Cabrio-Coupé kombiniert die Schnauze des ›Mercedes CLK‹ mit dem Heck des ›Renault Megane CC‹. Ebenfalls frisch aus dem Copyshop sind die chinesischen Ausgaben von ›Fiat Panda‹ und ›Toyota Yaris‹ bei ›Great Wall‹. Hinzu kommen die Asien-Interpretationen des ›Jeep Wrangler‹, ein halbes Dutzend Möchtegern-›Hummer‹ und der ›Mini‹, der bei ›Lifan-Motors‹ seine Premiere als frei interpretierter Viertürer feiert.« Die Plagiate, so der Berichterstatter, seien »so dreist, dass die meisten Westler mit großen Augen und offenen Mündern durch die Ausstellungshallen laufen.«

Auch »ein zartes Ökopflänzchen« sieht der Reporter auf dieser Messe sprießen. »Auf den meisten Ständen«, schreibt er, »gibt es ein paar bunte Darstellungen, ein paar Motorenmodelle mit Hybrid- oder Elektroantrieb.« Doch bei genauerem Hinsehen stößt er auf jenes Phänomen, das im Katalog der verfeinerten Kriegslisten als »Hijacking der Begriffe« firmiert. »Viele der Öko-Modelle wirken halbherzig gebastelt, oft sind nicht einmal Aufkleber oder Typenschilder richtig befestigt. Nachfragen ist zwecklos. Denn die Manager und Presseleute von chinesischen Autofirmen geben sich zwar gerne als ökologisch korrekte Global Player, aber sprachlich nicht allzu gewandt. Ihre Standardantwort lautet: ›Oh sorry, English we not speak‹.« Vor diesem Hintergrund klingt es plausibel, wenn der Autor argwöhnt: »Sind die chinesischen Hersteller wirklich in der Lage, etwas Derartiges zu bauen oder ist es nur geschickte PR?«

Der Journalist konfrontiert auch den Daimler-Chef Dieter Zetsche mit dem Phänomen der unzulänglichen Plagiate. Dessen Erklärung gleicht freilich einem verbalen Kotau. »Das gehört hier einfach zur Kultur und ist sogar eine Form der Verehrung«, so der Manager. »Dabei hätte Zetsche«, kommentiert der Report, »Grund zum Groll. Denn den Smart, den er im nächsten Jahr offiziell nach China bringen will, gibt es dort als billige Kopie schon lange.«[3]

Sich aus allen möglichen Quellen die passende Mixtur zusammenrühren – auf dieses altbewährte Muster stoße ich in fast allen Berichten über die Hervorbringungen der chinesischen Autoindustrie. So heißt es in der Zeitschrift *Das neue China* über eine »stattliche, sehr ansehnliche Stufenlimousine« von knapp fünf Metern Länge: »Das ausgezeichnete Fahrwerk ... wurde entwickelt von Porsche, den leistungsstarken Motor liefert Mitsubishi wie auch das geschmeidige Getriebe. Die ... Karosserie ist von Italdesign entworfen, und der makellos glänzende Lack von BASF wird von einer Dürr-Anlage aufgespritzt.«[4]

Was die chinesischen Teile der für nur 23 000 Euro angebotenen Luxuslimousine betrifft, so fällt der aus einem Testreport in der Auto-Beilage der Tageszeitung *Die Welt* schöpfende Bericht vernichtend aus: die Scheinwerfer seien »von innen milchig beschlagen«, andere Teile wirkten »wie mit der Handsäge selber gebastelt«, das Leder der Sitze stinke »erbärmlich nach Gerbchemie«.[5] Ein anderer Report bemängelt an diesem Fahrzeug unter anderem das Fehlen von »Seiten- und Kopfairbags«, die in dieser Klasse »mittlerweile selbstverständlich« seien. Auch bei einem Crashtest nach europäischen Kriterien habe die Limousine »äußerst dürftig« abgeschnitten. »Die Überlebenschancen ... in einem realen Unfallszenario sind gleich null«, schreibt das Magazin *Focus* und beruft sich dabei auf den ADAC.[6]

Die Zeitschrift *Das neue China* wagt nach ihrer Kritik einen Blick in die Zukunft: »Sicherlich werden diese Schwachpunkte nach und nach behoben werden, aber dann wird das Auto auch nicht mehr nur 23 000 Euro kosten. Noch kann also die deutsche Autoindustrie aufatmen.«[7]

Die Frage ist: wie lange noch? Schließlich gibt es auch zu dem ungenügenden selbstproduzierten Zubehör eine Alternative – westliche Technologie. Wie sehr sich die chinesischen Unternehmen darum bemühen, auch diese Lücken zu schließen, erfahre ich beim China-Forum einer Bank in der schwäbischen Industriestadt Waiblingen. Nachdem ich in einem Vortrag auf die spezifischen kulturellen, politischen und ökonomischen Bedingungen in der Volksrepublik hingewiesen habe, erklärt mein Co-Referent, der Repräsentant eines Autozulieferers, dass seinem Unternehmen gar nichts anderes übrigbleibe, als sich auf dieses sensible Terrain zu begeben. Die Produktion der Teile vor Ort habe der fernöstliche Partner zur Bedingung für die weitere Zusammenarbeit gemacht.

Bezogen auf unser historisches Gleichnis bedeutet diese Praxis: Der Herrscher lockt und bindet nun auch die Nichten der Konkubinen an seinen Hof. Wie schnell er bei Unbotmäßigkeit mit der Peitsche zur Hand sein kann, erfahren zwei der bedeutendsten internationalen Autoproduzenten bereits vor einigen Jahren während ihres Engagements im Reich der Mitte. Als DaimlerChrysler aus chinesischer Sicht seine Pekinger Muttergesellschaft vernachlässigt, bietet das staatlich gelenkte Fernsehen einen Kunden auf, der vor laufender Kamera mit einem Vorschlaghammer auf seine Mercedes-Limousinen eindrischt. Das Unternehmen, so der Besitzer, behandele Chinesen als Menschen zweiter Klasse.

Mit einem ähnlichen Propaganda-Geschütz geht die Regierung gegen den japanischen Mitsubishi-Konzern vor, dem man öffentlich die Lieferung unzulänglicher Lastwagen anlastet. In Wahrheit habe die Pekinger Führung, so werfen ihr damals internationale Beobachter vor, lediglich einen Vorwand gesucht, um eine japanische Importwelle einzudämmen. Dies passt zu einer Regierungsvorlage, nach der bis 2010, dem Jahr der Weltausstellung in Shanghai, fünfzig Prozent aller im Lande hergestellten Autos chinesisch sein sollen.

IV.
PARTEI UND PROFIT

12.

»Dann kann die Obrigkeit ziemlich eklig werden«

Die Allmacht der Kader

Sechsundzwanzig engbeschriebene Karteikarten umfassen die Informationen und Zitate für diesen Abschnitt meines Buches. Exakt siebzehn Mal kommt in dieser Sammlung der Begriff »Mafia« vor. Das Erschreckende: Er gilt nicht den wieder erstarkenden kriminellen Organisationen, die aus dem Untergrund ihre Fäden ziehen, sondern einer der einflussreichsten politischen Kräfte der Welt – der Kommunistischen Partei Chinas. Und es sind keineswegs verbale Amokläufer, die eine persönliche Kränkung zu diesem vernichtenden Urteil treibt, sondern einheimische und ausländische Beobachter, die der klare Blick für den Missbrauch von Macht und die Solidarität mit den darunter leidenden Bürgern eint. Eine Auswahl:

Der an der Hongkonger University of Sience and Technology lehrende Sozialwissenschaftler Carsten A. Holz verweist in seiner in der Zeitschrift *Merkur* publizierten KP-Kritik auf *Webster's New World College Dictionary*. Es definiert die Mafia als »eine Geheimgesellschaft, gekennzeichnet durch eine Haltung allgemeiner Feindseligkeit gegenüber Recht und Regierung«. Nach Ansicht des Autors ist dies »eine passende Beschreibung der klandestinen Arbeitsweise der Partei ..., ihres Über-dem-Gesetz-Stehens und ihrer totalen Kontrolle der Regierung.«[1]

Der nach London emigrierte chinesische Schriftsteller Yang Lian lässt sein auf die Partei gemünztes Verdikt mit der Überschrift »Diktatur der Mafia« in einer fundamentalen Einschätzung gipfeln: »Das Schlimme an der KP ist, dass sie das in der menschlichen Natur angelegte Gewissen und die durch den gesunden Menschenverstand diktierten Tabus beiseitegewischt hat – und stattdessen nackte Gier und niederste Triebe befördert.«[2]

Auch das in Peking lebende Autorenpaar Andreas Lorenz und Jutta Lietsch scheut nach jahrelangen Erfahrungen im Reich der roten Kaiser den Vergleich mit der wohl finstersten aller kriminellen Vereinigungen nicht: »Die absolute Herrschaft, das Gefühl unantastbar zu sein, lässt die KP immer mehr wie eine Mafia-Organisation erscheinen ... Regelmäßig erklärt die KP, sie wolle ihre eigenen Reihen säubern und ihre Leute zu mehr Moral erziehen ... solche Kampagnen, die ›die Führungsrolle der Kommunistischen Partei konsolidieren sollen‹, rollen in schöner Regelmäßigkeit über China. Sie wirken lächerlich. Ihre Botschaft lautet immer gleich: Eine unabhängige Kontrolle ist nicht erwünscht, Probleme regeln wir selbst.«[3]

Behauptungen von einer derartigen Absolutheit und Brisanz kann man, so seriös ihre Urheber auch sind, nicht einfach stehenlassen. Man muss sie beweisen, begründen, bewerten. Als Leitfaden das Engagement westlicher Unternehmer zu wählen, scheint so lange legitim, wie man über diese spezifische Sichtweise die Interessen und das Schicksal der chinesischen Bevölkerung nicht aus den Augen verliert.

Vor allem in der Provinz spricht die Partei bereits beim Genehmigungsverfahren, dem ersten Schritt bei einer Investition, ein Wort mit. Zumeist wird sie durch den Bürgermeister repräsentiert, einer Figur, die in vielen Fällen eher durch ihre Raffgier als durch ihre Sachkenntnis auffällt. »Don Corleone« nennt der Ludwigshafener Sinologe Jörg-Meinhard

Rudolph, ebenfalls auf die geistige Verwandtschaft mit der Mafia verweisend, diesen Typus. »Und wenn man sich ihrem Diktat nicht beugt«, fügt der ehemalige Leiter der deutschen Handelskammer in Peking hinzu, »dann kann die Obrigkeit ziemlich eklig werden.«

In welchem Ausmaß diese Hierarchen über ihre Familien an lukrativen Geschäften beteiligt sind, illustriert ein Bericht, den die Zeitschrift *Merkur* im Sommer 2007 publiziert. Von den 3220 chinesischen Millionären mit einem Vermögen von mehr als zehn Millionen Euro sind danach 91 Prozent Söhne und Töchter höherer Parteikader. In den fünf zentralen Branchen Finanzwirtschaft, Außenhandel, Grundstückserschließung, Großmaschinenbau und Wertpapiere nimmt der Nachwuchs der Nomenklatura 85 bis 90 Prozent der Schlüsselstellen ein.[4]

Wenn aber Spitzenpositionen wie zu Zeiten der Feudalherrschaft aus dem immer gleichen Kreis der Privilegierten besetzt werden, dann muss sich das langfristig negativ auf die Leistungsfähigkeit der Volkswirtschaft auswirken. Dies könnte sich am Ende als Wettbewerbsvorteil für Konkurrenten auswirken, bei denen es transparenter zugeht. Sechzig Prozent des Privateigentums, so ein weiterer Beleg für den Schwindel mit dem Etikett »sozialistisch«, befinden sich in der Volksrepublik in der Hand von einem Prozent der Bevölkerung. »Und nach unten«, so der China-Experte Jörg-M. Rudolph, »können die Funktionäre machen, was sie wollen.«

Was dies in der Praxis bedeutet, erfährt die für einen britischen TV-Sender arbeitende Journalistin Du Jia bei Recherchen in einem Dorf zwischen Peking und der Hafenstadt Tianjin. »Der Fluss, an dem dieser Ort liegt, war total durch Chemikalien vergiftet. Das hatte zur Folge, dass auffallend viele Kinder an Krebs erkrankten. Als ich die Bewohner nach dem Besitzer der Farbenfabrik fragte, die das Wasser verseuchte, zeigten sie spontan auf das Parteigebäude. Und tatsächlich gehörte diese Fabrik dem KP-Vorsitzenden und seiner Familie. Auf meine Frage, ob er selbst in diesem Dorf lebe, antwortete der etwa 40 Jahre alte Kader: ›Nein, in Tianjin. Das ist auch besser für meinen minderjährigen Sohn‹.«

Der Fall wirft ein Schlaglicht auf eines der größten Probleme des Landes: die jeden Tag fortschreitende Zerstörung der Umwelt. 270 Millionen Bürger, so eine amtliche Statistik, atmen Luft, die deutlich unter dem Standard der Weltgesundheitsbehörde liegt. Die Schwefeldioxyd-Emissionen in China sind global die höchsten. Der Dreck, den Kinder in den verschmutzten Metropolen einatmen, entspricht dem Konsum von zwei Packungen Zigaretten am Tag. 750 000 Menschen, so die *Financial Times*, sterben jährlich an den Folgen der massiven Vergiftung[5]. Sechzehn der zwanzig am schlimmsten verschmutzten Städte der Welt liegen in China. Die bei der maximalen Bewirtschaftung der Böden verwendeten Pestizide geraten in das Trinkwasser und in die Nahrung, »so dass«, wie das Nachrichtenmagazin *DER SPIEGEL* diagnostiziert, »der menschliche Körper selbst als eine Art Sondermülldeponie funktioniert.«[6]

Und weiter: Gut 2500 Quadratkilometer Land verwandeln sich Jahr für Jahr in Wüste. 90 Prozent des städtischen Wassers sind mehr oder weniger verschmutzt. Noch Anfang der fünfziger Jahre bestand die Region am oberen Lauf des Jangtse zu dreißig bis vierzig Prozent aus Wäldern. Heute sind es nicht einmal mehr zehn Prozent. 500 Millionen Chinesen mangelt es an sauberem Trinkwasser.

Im Sommer 2007 wird die Reporterin Du Jia mit einem anderen Dilemma der chinesischen Gesellschaft konfrontiert. Als in mehreren Ziegeleien in der rückständigen Provinz Shaanxi einige Dutzend, zum Teil minderjährige Sklavenarbeiter entdeckt werden, stellt sich heraus, dass lokale Funktionäre und Polizisten mit den Menschenhändlern gemeinsame Sache machen. Netzwerke schaffen, deren Einfluss bis in die Organe des Staates reicht – auch diese Strategie gehört zu den klassischen Merkmalen mafioser Strukturen. Und weil sich solche Methoden in der überschaubaren Region eher durchsetzen lassen als im Dunstkreis der aufgeklärteren Metropolen, warnt ein Leitfaden mit dem Titel »Produkt- und Konzeptpiraterie« auch deutsche Investoren zu besonderer Vorsicht auf diesem Terrain. »Bei der Entscheidungsfindung der Beamten«, so der Markenrecht-Spezialist Christian Brenner, »... spielen oft örtliche Sonderinteressen und Korruption eine große Rolle ... Der überwiegende Teil der Richter hat keine juristische Ausbildung, sondern setzt sich aus ehemaligen Militärs und Parteifunktionären zusammen.«[7]

Die Ratschläge, die der Jurist den von geistigem Diebstahl betroffenen Unternehmen erteilt, verweisen auf ein weiteres gravierendes Problem der chinesischen Gesellschaft: die wachsende ökonomische und zivilisatorische Kluft zwischen den städtischen und den ländlichen Regionen, in denen allerdings noch immer etwa zwei Drittel der Bevölkerung leben.

»Der Originalhersteller«, so der Experte mit einem Anflug von chinesischer List, »sollte daher stets versuchen, in den größeren Städten an der Ostküste ... gegen die Produktpiraten vorzugehen. In den meisten Fällen wird der Hersteller der Plagiate seinen Wohnsitz oder seinen Firmensitz nicht in diesen Städten haben. In diesem Falle ist zu prüfen, ob er möglicherweise ein Lagerhaus in diesen Städten unterhält, seine Produkte in diesen Städten verkauft oder über diese Städte exportiert.«[8]

Die Perspektive, die der Autor für den Fall einer Auseinandersetzung außerhalb der Metropolen wie Shanghai, Peking oder Kanton aufzeigt, kommt einer Kapitulation vor der Allmacht der Provinzfürsten gleich: »Sollte der örtliche Gerichtsstand gegen den Hersteller der Fälschungen in keiner der oben genannten Städte begründet werden können, empfiehlt sich, zunächst keine rechtlichen Schritte zu unternehmen. Es ist besser, einstweilen keine rechtliche Entscheidung gegen einen Plagiator zu erlangen, als eine negative, die im Markt schnell die Runde macht.«[9]

Ein 2005 bei *SPIEGEL Online* erschienener Report bestätigt diese pessimistische Einschätzung: »Der japanische Autobauer Honda klagte seit 1997 insgesamt 53 Mal gegen Kopien seiner Fahrzeuge, 43 dieser Verfahren schweben noch. Vor allem in den Provinzen sind korrupte Kader oft mit Bossen lokaler Staatsbetriebe verbandelt.«[10] So eng geflochten ist das Netz der Verpflichtungen, Gefälligkeiten und Kontrollen, dass es alle relevanten Bereiche einer diktatorisch abgesicherten Kleptokratie umspannt.

Gegen ein nicht in den Büchern erscheinendes Honorar unterzeichnen Beamte sogar Papiere, die gefälschten Arzneien die Unbedenklichkeit bescheinigen. Gleichzeitig kann es passieren, dass Zöllner aus Schikane die nagelneuen und vorbildlich imprägnierten Kisten westlicher Exporteure monatelang auf Würmer untersuchen. »Peoples Republic of China (PRC)« heißt die Volksrepublik auf Englisch. Längst haben westliche Repräsentanten die Abkürzung aufgrund ihrer schmerzlichen Erfahrungen mit chinesischen Behörden umgedeutet: Patience, Relations, Cash. Auf Deutsch: Geduld, Beziehungen, Bargeld.

Geht es darum, die Pläne westlicher Unternehmen auszuforschen, springt auch schon mal der chinesische Geheimdienst ein. Ihm gehören viele der Hotels, in denen man Ausländer vorzugsweise unterbringt. Über die Effizienz seiner Aktivitäten berichtet das Nachrichtenmagazin *DER SPIEGEL* Ende August 2007: »Unter China-Reisenden auch oft erzählt: die Anekdote von der deutschen Delegation, die abends im Hotel eincheckte. Schon am nächsten Morgen überraschten die chinesischen Verhandlungspartner mit Kenntnissen, die nur einen Ursprung haben konnten: die Laptops, die am Vorabend auf den Zimmern geblieben waren, als die deutschen Manager einen Absacker in der Hotelbar nahmen.«[11]

Doch so hart ihn der Diebstahl seines geistigen Eigentums treffen kann – dem westlichen Investor bleibt im Zweifelsfall die Chance, sich zurückzuziehen aus einem Staat, in dem ein Traum häufig in ein Trauma mündet. Der chinesischen Bevölkerung bleibt dieser Fluchtweg in der Regel versperrt. Das Szenario, dem die Bürger auf Dauer ausgesetzt sind, beschreibt der in Hongkong lebende Sozialwissenschaftler Carsten A. Holz.

»Mit der Einführung jedes neuen Reformelementes und Übergangsschrittes«, so der Autor, »bereichern sich die Kader.« Wichtige Quellen des Profites seien zum Beispiel »das zweigleisige Preissystem, die faulen Kredite, die Ausschlachtung oder Zerschlagung von staatlichen Unternehmen, der Missbrauch von Geldern in Investmentgesellschaften und privaten Pensionsfonds«. Auch die »weitgehend gesetzwidrige Umwandlung ländlichen Grund und Bodens in städtischen« dürfe man »durchaus als systematische Plünderung durch lokale ›Führer‹« bezeichnen. Im Übrigen seien diese Funktionäre »in erheblichem Umfang an den kleinen, unsicheren Kohlekraftwerken beteiligt, die sie eigentlich schließen sollen, und niemand weiß, wie sie ihre Beteiligungen an diesen Unternehmen erworben haben«.[17]

Die Pekinger Amerikanistik-Professorin und Frauenrechtlerin Wu Qing fasst in einem Satz zusammen, was auch gewaltige Silhouetten und atemberaubende Wachstumsraten immer weniger zu übertünchen vermögen: »Die Partei setzt 2400 Jahre chinesischer Feudalherrschaft fort.«[13]

153

13.

»Lache nicht laut, wenn du dich freust«

Die Rituale der Herrschaft

2400 Jahre Feudalherrschaft ... auch diese präzise Zeitangabe führt uns auf die Fährte des Philosophen Konfuzius, der 551 vor Christus in der ostchinesischen Stadt Qufu geboren wurde. Und es steht außer Frage, auf welches Element seiner Lehre der Hinweis der kritischen Pekinger Wissenschaftlerin zielt: auf die Unterordnung des Individuums unter die Obrigkeit – die »Auslöschung des Ego«, wie der Sinologe Oskar Weggel eines der Prinzipien des Konfuzianismus nennt. Mit der bis zur Absurdität verfeinerten Ritualisierung der hierarchischen Abstufungen setzt sich der gesellschaftskritische chinesische Schriftsteller Ba Jin in seinem autobiographisch eingefärbten Roman »Die Familie« auseinander. Zur Sitzordnung bei einem Neujahrsfest heißt es:

»Am oberen Tisch saß die ältere Generation: der Alte Herr, die Konkubine Chen, die Alte Herrin, geborene Chou, der Dritte Herr und die Dritte Herrin, geborene Zhang, der Vierte Herr Ke'an und die Vierte Herrin, geborene Wang, der Fünfte Herr Keding und die Fünfte Herrin, geborene Shen, und als Gast Juexins Tante, Frau Zhang, alles in allem zehn Personen.

Am unteren Tisch saß Juexin mit seinen jüngeren Geschwistern, seiner Frau Li Ruijue und Fräulein Qin, insgesamt elf Personen. Die Männer gehörten zur Jue'-Generation, das heißt ihre Vornamen begannen mit dem Zeichen Jue': Juexin, Juemin und Juehui aus dem ersten Haus, Jueying aus dem dritten und Jueshi aus dem vierten Haus, während die Mädchen zur ›Shu‹-Generation gehörten: Shuhua aus dem ersten Haus, Shuying aus dem dritten und Shuzhen aus dem fünften Haus …

Jueren aus dem dritten und Juexian und Shufang aus dem vierten Haus saßen zwar dabei, waren aber noch zu klein, um einen eigenen Platz zugewiesen zu bekommen. Juexins Sohn Heichen saß allerdings mit bei Tisch, denn der Alte Herr hatte sich vier Generationen für dieses Neujahrsessen gewünscht … Der Alte Herr blickte mit erhobenem Glase in die Runde und lächelte befriedigt beim Anblick der vielen Menschen und freudigen Gesichter, die die Halle füllten. Er war stolz auf seine zahlreichen Söhne und Enkel … Mit Ausnahme des Alten Herrn saßen alle kerzengerade da. Jeder schaute auf seine Nasenspitze … Griff der Alte Herr nach seinen Stäbchen, nahmen alle ihre Stäbchen. Legte er sie nieder, taten sie das Gleiche. Keiner wechselte mehr als ein paar kurze Sätze mit seinem Nachbarn …«

Würde es jemand vom unteren Tisch wagen, sich an die von dem Alten Herrn beherrschte Tafel zu setzen, bräche der komplette familiäre Komment zusammen. Und das gilt, so der Schriftsteller Ba Jin in seinem Familien-Roman, eigentlich für alle noch so kleinen Verstöße gegen die allgegenwärtigen Regeln und Rituale: »Lache nicht laut, wenn du dich freust, hebe nicht die Stimme, wenn du in Wut gerätst, entblöße nicht die Knie, wenn du sitzt, wippe nicht mit dem Rock, wenn du gehst, wirf nicht die Lippen auf, wenn du sprichst …« Und: »Ein Sohn beansprucht nicht das Hauptgebäude, setzt sich nicht auf die mittlere Matte, geht nicht in der Mitte des Weges und stellt sich nicht ins mittlere Tor …«[1] – Die Mitte, die in China einen Stellenwert hat wie für Buddhisten das Nirwana, bleibt dem Herrn vorbehalten. Und nur ihm ist es gestattet, laut zu lachen, wenn er sich freut.

Dass die feudale Struktur nach wie vor zu den Konstanten der chinesischen Gesellschaft gehört, wird auch mir während meiner Korrespondentenjahre Tag für Tag vor Augen geführt. In der nördlichen Industriestadt Qiqihar, wo wir Anfang 1985 unseren ersten *Weltspiegel*-Beitrag produzieren, holen uns Spitzenkader mit einer Limousine der schon von dem Revolutionär Mao Tse-tung bevorzugten Marke »Rote Fahne« vom Bahnhof ab. Wir wundern uns, dass der Fahrer die innen mit Holz ausgeschlagene und mit einer Bar ausgestattete Luxuskarosse ohne Rücksicht auf die Seitenstraßen und die Ampeln durch das Zentrum lenkt. Dieses hohen Funktionären vorbehaltene Gefährt, so klärt uns einer der Begleiter auf, habe in China »automatisch Vorfahrt«.[2]

Später berichtet man uns, dass Kader bisweilen mit Blaulicht versehene Polizeiautos oder Krankenwagen benutzen, wenn sie den Beginn eines Banketts nicht verpassen wollen. Und als wir in der Nähe von Peking in einem offiziellen Konvoi zur Eröffnung einer Messe unterwegs sind, verscheucht die Ordonanz das Spalier stehende und die Durchfahrt behindernde Volk zu unserem Entsetzen mit kräftigen Stockhieben.

Benötigen wir nach Aufenthalten in heruntergekommenen Provinzhotels eine komfortable Abwechslung, steuern wir die ehemaligen Residenzen Mao Tse-tungs und seiner Kampfgefährten an. Es sind damals die mit Abstand luxuriösesten Herbergen in ganz China. In dem idyllisch am Gelben Meer gelegenen Badeort Beidahe fangen wir die Kluft zwischen den gesellschaftlichen Klassen mit einem einzigen Kameraschwenk ein. Im ersten Abschnitt drängen sich die Menschen so dicht, dass man den Sand und die Wellen kaum noch erkennt. Das ist der Strand für die, soweit sie sich einen kurzen Urlaub leisten kann, arbeitende Masse. Danach wird es erheblich lichter, so dass die Gummiboote gebührenden Abstand zueinander halten. Hier tummeln sich vor allem die in Peking residierenden Diplomaten, Firmenrepräsentanten und Journalisten.

Der dritte Sektor, von seinem Nachbarkomplex durch Stacheldraht getrennt, bietet ein exklusives Ambiente. Parabolspiegel, die den Empfang internationaler Fernsehprogramme ermöglichen, markieren die Villengrundstücke, die sich an den Saum eines weitläufigen Pinienwaldes schmiegen. Hier und da leuchtet das Dreieck eines Tennisplatzes aus dem Grün. Vor der Kulisse des rauschenden Meeres gibt ein einsamer Reiter seinem Zossen die Sporen. Hoch zu Ross – das ist auch im übertragenen Sinne die Haltung der politischen Elite, die in diesem Paradies, abgeschirmt durch Mauern und Wachtürme, die Sommerfrische genießt und gleichzeitig ihre personellen Seilschaften knüpft.

Als in der Nähe des Gästehauses, in dem wir untergebracht sind, ein hochrangiger Kader zu seinem Abendspaziergang aufbricht, wirkt das gesamte Gelände wie elektrisiert. Die vier Bediensteten, die den Funktionär begleiten, sorgen dafür, dass seine innere Balance nicht durch das Hupen von Autos oder das Geknatter von Mopeds gestört wird. Den Fahrer eines Lieferwagens, der sich anschickt, die Gruppe zu überholen, weisen die Beamten an, den Motor zu drosseln und in angemessenem Abstand zu folgen.

Bleibt das Einhalten der hierarchischen Ordnung in chinesischer Hand, kommt es angesichts der fest im Bewusstsein verankerten Rituale nur selten zu Konflikten. Sind aber auch westliche Führungskräfte in solche Abläufe involviert, muss man mit Reibereien rechnen. Eine dieser Auseinandersetzungen spielt sich unmittelbar vor unserer Kamera ab, als ein deutscher Hotelmanager in Peking das Büfett für die feierliche Eröffnung einer Nobelherberge vorbereitet. Eingeladen sind auch hohe Parteikader, und als deren für die Etikette zuständigen Höflinge entdecken, dass die politische Elite Rücken an Rücken mit gewöhnlichen Gästen speisen soll, wird es hektisch im Festsaal. Erst ein unter nervendem Gezeter ausgehandelter Kompromiss befriedet die Lage: Man spannt eine Kordel, die den Raum, bevor der traditionelle Löwentanz beginnt, in Sektoren erster und zweiter Klasse unterteilt.

In weitaus größere Kalamitäten gerät der deutsche Fußballtrainer Rudi Gutendorf, den wir im Auftrag der *Sportschau* bei seinen Bemühungen begleiten, der drittklassigen chinesischen Nationalelf moderne Taktik zu vermitteln. Erste atmosphärische Störungen treten auf, als der weltläufige Coach sich von Kickern trennt, die ihre Berufung nach seiner Einschätzung lediglich ihren persönlichen Beziehungen zu Parteifunktionären verdanken. Vor einem Spiel in Chongqing, einer der Metropolen am Jangtse, kommt es dann zum Eklat.

»Der Trainerstab und die Kader, die uns begleiteten«, erinnert sich Gutendorf, »waren im ›Holiday Inn‹ untergebracht, dem besten Hotel der Stadt. Der Mannschaft dagegen mutete man als Unterkunft eine versiffte Kaserne zu, in der es auf den Zimmern und in den Fluren nach Urin stank. Als ich die Vereinsführung bat, das Team sofort in unser Hotel umzuquartieren, lehnte man das ab. Um ein Signal zu setzen, habe ich die Spieler wenigstens zu einem Essen ins ›Holiday Inn‹ eingeladen. Von diesem Moment an wurde ich von den Kadern geschnitten.«[3]

Ohne es ihm jemals direkt zu sagen, entzieht der Verband dem deutschen Trainer nach und nach die Verantwortung für die Mannschaft. Von einem internationalen Turnier in Kuala Lumpur, auf das er die Elf vorbereiten sollte, schließt man ihn aus. Er reist auf private Kosten nach Malaysia und muss mit ansehen, wie das chinesische Team kläglich versagt. Gutendorf, der in etwa fünfzig Ländern mit den unterschiedlichsten Kulturen problemlos sportliche Entwicklungshilfe leistete, verstößt bei seinem Engagement in China gegen einen Kodex, der im Konfuzianismus wurzelt, die Revolution überdauerte und den der mit der Partei verschwägerte Kapitalismus bruchlos übernahm: Die Macht duldet keinen Widerspruch – und von einem Ausländer schon gar nicht.

Seine Dimension und Brisanz gewinnt der Fall aber erst durch die Reaktion des Teams: Die meisten Spieler bekunden, wenn auch hinter vorgehaltener Hand, ihre Solidarität mit dem ausgebooteten Trainer. Zumindest für den Augenblick einer mutigen Geste überschreiten sie also die Grenze, die ihnen ihre Kultur und ihr Regime ziehen. Auch aus Unternehmen mit westlichem Management, die in China wegen ihrer vergleichsweise humanen Konditionen zu den beliebtesten Arbeitgebern gehören, kennt man diesen Effekt. Die Partei und ihre Funktionäre geraten durch ihn in einen Interessenkonflikt. Einerseits braucht man die Investoren und ihre Technologie, andererseits befürchtet man eine Aufweichung der privilegien- und pfründesichernden Strukturen.

Wie sich die Loyalitäten verschieben können, erlebe ich damals in meinem eigenen Büro. Eines der Schlüsselerlebnisse für die chinesischen Angestellten fällt in die Pionier-Phase, die den westlichen Repräsentanten in Peking erhebliche persönliche Konzessionen abverlangt. Der deutsche Manager, der die chinesische Dependance des Weltkonzerns Siemens leitet, zwängt sich mit seiner Frau und den beiden Kindern in zwei enge Hotelräume. Auch unser Kameramann, der Toningenieur und die Sekretärin müssen zunächst mit einem solchen Quartier vorliebnehmen. Ich selbst komme mit meiner Frau im Komplex des ARD-Studios unter.

Das bedeutet: Nur eine dünne Wand trennt mein Arbeitszimmer von unserem Schlafzimmer. Das Rattern des immer mal wieder anspringenden Telexgerätes verfremdet die Phantasie im Dunkel der Nacht in Maschinengewehrsalven. Das heimische Personal betrachtet sämtliche Räumlichkeiten, weil es eine Privatsphäre im westlichen Sinne nicht kennt, als dienstliches Terrain und überbringt mir auch beim Duschen oder beim Frühstück irgendwelche Botschaften. Aber immerhin können wir uns individuell einrichten und hängen nicht von den mürrischen Bediensteten eines Hotels ab. Wir genießen also gegenüber unseren Kollegen einen gewissen Vorteil.

Als sich die Situation auf dem Wohnungsmarkt allmählich entspannt und die Stadt Peking uns drei Einheiten in einer der strengbewachten Siedlungen für Ausländer anbietet, erhebt sich in unserem Büro die Frage: Wer darf sie, da es sich doch um vier Kandidaten handelt, beziehen? Allein die Tatsache, dass wir innerhalb des Teams über dieses Thema diskutieren, sorgt bei unseren chinesischen Mitarbeitern für ungläubiges Staunen. Fassungslos aber reagieren sie, als ich sie mit der Entscheidung konfrontiere: Der Korrespondent, also der Boss der Studio-Familie, verzichtet zugunsten der bisher leicht benachteiligten Angestellten.

Unserem Dolmetscher, den wir immer stärker in unsere Gruppe einbinden, entfährt bei dieser Gelegenheit ein bemerkenswerter Satz: »Sie sind der erste Kommunist, der mir bisher in China begegnet ist.« Und die chinesischen Mitarbeiter verpassen mir, halb augenzwinkernd, aber eben auch halb ernsthaft, einen Titel, mit dem sie mich noch heute bei meinen gelegentlichen Besuchen in Peking begrüßen: »da ganbu« – großer Kader.

Es geht mir bei der ausgiebigen Darstellung dieser Episode nicht darum, das Selbstverständliche zu einer sozialen Großtat aufzublasen, sondern um die Schlüsse, die man aus der Reaktion auf mein Verhalten ziehen kann. Wenn nämlich das chinesische Personal, das bei uns absolute Gleichberechtigung genießt, das aus unserer Sicht völlig Normale als etwas Außergewöhnliches empfindet, dann sagt das alles über das feudale Gebaren seiner einheimischen Vorgesetzten aus. Sie gehören einem Service-Büro an, das uns die lokalen Mitarbeiter gegen harte Devisen vermietet, ihnen selbst aber lediglich etwa ein Zehntel der Gebühr als Gehalt auszahlt. Profit machen ohne nennenswerte Gegenleistung – das ist, praktiziert von Inhabern eines kommunistischen Parteibuches, Kapitalismus wie aus dem marxistischen Lehrbuch. Und da sich in China seither zwar die Fassade geändert hat, nicht aber, wie mir noch heute in Peking lebende Kollegen versichern, die politische und ökonomische Struktur, drängt sich ein Blick auf einen weiteren wichtigen Stützpfeiler der Allmacht auf. Wieder fällt der Beginn einer historischen Entwicklung in meine Pionierzeit als Korrespondent.

14.

»Übelster Sozialismus trifft auf übelsten Kapitalismus«

Die Armee und die Armut

Tibet, im August 1986. Dämmerung senkt sich auf das Dach der Welt. Steil ragen die Siebentausender in den violett-gefärbten Himmel. Aus den Schornsteinen neben den Zelten der Nomaden kräuselt Rauch. Eine Herde von Eseln strebt – tripp, trapp, tripp, trapp – stoisch dem Abend entgegen. Als das Gebimmel ihrer Glöckchen in der Ferne verklingt, mündet unser Glücksgefühl in bange Ungewissheit: Wo, so fragen wir uns, findet man in dieser grandiosen Einsamkeit ein Quartier für die Nacht?

Auf der Spitze eines Passes, in 4800 Metern Höhe, knattert rotes Tuch im Wind. Fünf gelbe Sterne im linken oberen Eck weisen es bei näherem Hinsehen als chinesische Natio-nalfahne aus. Sie markiert den Eingang einer Kaserne der Volksbefreiungsarmee, deren geballte Präsenz die Peking feindlich gesonnene Bevölkerung abschrecken soll. Es ist ein hochsensibles Gelände, dem wir uns nähern. Dass wir hier, wie unser Dolmetscher meint, Unterschlupf finden, kann ich mir nicht vorstellen.

Doch unser Mitarbeiter stellt triumphierend den Daumen in die Höhe, als er von seinen Verhandlungen zurückkehrt. Gegen ein nicht zu knappes Entgelt können wir zwei der mit Sauerstoff-Flaschen, Atemgeräten und filzigen Decken aus-gestatteten Räume beziehen und inmitten der in Tibet eben-

162

so verhassten wie gefürchteten Soldaten in der Kantine ein frugales Mahl einnehmen. Fern der Hauptstadt profitieren wir von den ersten Auswirkungen einer Anordnung, deren politische Dimension sich mir erst später erschließt. Das Militär, so der Wille der seit einigen Jahren vom Profitbazillus befallenen Partei, soll durch wirtschaftliche Aktivitäten zur Finanzierung ihrer dringend notwendigen Modernisierung beitragen.

Rottenburg am Neckar, im September 2008. Das weiche Licht des frühen Abends verleiht dem mittelalterlichen Marktplatz etwas Märchenhaftes, als ich meinen ehemaligen Studio-Mitarbeiter Johann Vranic nach seinen ganz und gar unromantischen Erfahrungen in China ausfrage. Immer wieder fällt bei seinen Schilderungen der Begriff »Armee«. Während seiner Zeit als Manager in der Provinz Shandong habe er ihren zunehmenden Einfluss auf das Wirtschaftsleben hautnah beobachten können. Oft seien hohe Offiziere seine Verhandlungspartner gewesen. Was ich im fernen Westen der Volksrepublik in zarten Anfängen erlebte, war für ihn also bereits Normalität. So schließt sich für mich an einem der idyllischsten Plätze Schwabens ein Kreis.

»Haben Sie den Eindruck, dass hohe Militärs auch persönlich von den Aktivitäten ihrer Armee profitieren, dass sie sich bereichern?«

»Absolut. Ich habe zum Beispiel beobachtet, wie staatliche Betriebe mit günstigen Perspektiven an Generalsfamilien überschrieben wurden. Einer dieser Generäle startete aus dem Nichts mit einem Millionen-Kapital. Seine Mitarbeiter hat dieser Mann angebrüllt wie auf dem Kasernenhof. Ach, man kann sagen: Er hat sie behandelt wie Tiere. Sollte er übrigens vor der Pleite stehen, kann er davon ausgehen, dass ihm der Staat sofort wieder Geld zuschießt.«

In Peking ist es ein offenes Geheimnis, dass das chinesische Militär über Jahre sogar am Schmuggel westlicher Luxuslimousinen mitverdiente. Nachdem die politische Führung 1995 die Steuern für solche Fahrzeuge zum Schutz der eigenen Autoindustrie drastisch erhöht hat, wird zum Beispiel die Mercedes-S-Klasse weitgehend auf Schnellbooten der Kriegsmarine von Hongkong an die südchinesische Küste transportiert. Das heißt: In seiner neudefinierten Rolle schützt das Militär auch seine eigenen ökonomischen Interessen. Kader und Offiziere im Klüngel vereint – den Journalisten Kai Strittmatter erinnert diese Konstellation an »die ehemaligen autoritären Regierungen Südamerikas«. China sei »nach rechts gerückt, weit rechts«. Die selbst weit rechts stehende britische Zeitung *Daily Telegraph* veranlassen die Verhältnisse in der Volksrepublik zu einer noch rigoroseren Einschätzung. In diesem Staat herrscht nach Ansicht des Blattes eine solche »Rechtslastigkeit, dass Studenten anderswo längst in den Straßen marschieren würden, um laut ›Faschismus‹ zu rufen«.[1]

Im China-Szenario des württembergischen Autozulieferers, dessen Manager mein Co-Referent bei einer Veranstaltung in Waiblingen ist, werden politische Turbulenzen als mögliche Gefahr für die Sicherheit der Investition aufgeführt. Und das zeugt nicht von schwäbischer Paranoia, sondern von Realitätssinn. Schließlich vergeht in der Volksrepublik keine Woche, in der es nicht zu lokalem Aufbegehren kommt. »Die sozialen Spannungen«, schreibt der Journalist Henrik Bork, »wachsen so schnell wie der Druck in einem Schnellkochtopf ohne Ventil.«[2]

Dass aus dem Protest bislang keine Bewegung wuchs, verdankt die Führung ihrem bis in den letzten Winkel reichenden Kontrollapparat, aber auch der Größe des Landes, die eine Koordinierung und Kommunikation zwischen oppositionellen Gruppierungen erschwert. Es ist die Schicht der Bauern und Arbeiter, die einst den Kern der Revolution bildete, von der im Moment die meiste Gefahr vor allem für

das regionale Establishment ausgeht. Führt man sich den Alltag vieler dieser Menschen vor Augen, schrumpfen die Kalamitäten westlicher Investoren zur Randerscheinung. Eine in
China verbotene »Untersuchung zur Lage der Bauern«, verfasst von dem Schriftsteller-Ehepaar Wu Chuntao und Chen
Guidi, gipfelt in der Erkenntnis: »Übelster Sozialismus trifft
auf übelsten Kapitalismus.« Im »Manifest 2007« der Bauern
von Fujin im Nordosten Chinas heißt es: »Heute sind die
Kader tatsächlich wieder Großgrundbesitzer geworden und
die Bauern wieder Leibeigene.«[3]

Die neuen regionalen Herrscher erheben nicht nur will-
kürliche Zölle und Gebühren oder konfiszieren mit Brachi-
algewalt wertvolles Ackerland, sondern veruntreuen sogar,
wie der SZ-Korrespondent Henrik Bork bei Recherchen auf
dem Land herausfand, »vielerorts das für die Behinderten
gedachte Geld«. Manchmal ist es höhere Gewalt, die das
ganze Ausmaß der Skrupellosigkeit offenbart.

Noch bevor im Mai 2008 in der Provinz Sichuan die Erde
bebt, sprechen die Bürger der besonders betroffenen Stadt
Fuxin von »Tofu«-Gebäuden. Damit meinen sie vor allem
die Schulen, deren wackliges Gemäuer sie an den chinesischen Sojabohnenquark erinnert. Während fast alle anderen
Gebäude den Erschütterungen standhalten, sterben in den
Trümmern der Grundschule Nummer zwei 127 Jungen und
Mädchen. Korrupte Beamte und Geschäftsleute, so decken
Reporter auf, hatten für die Errichtung des Komplexes vorgesehene Gelder veruntreut und dann beim Bau zu viel Sand
in den Zement mischen lassen.

Als eine Gruppe von Eltern gerichtlich gegen die Verant-
wortlichen vorgehen will, bekommt sie die Macht der lokalen Mafia zu spüren. »Sie haben enormen Druck auf uns ausgeübt, die Klage zurückzuziehen«, berichtet ein Vater, der bei
dem Erdbeben seinen elfjährigen Sohn verlor. Dieser Verlust
wirkt umso schwerer, als der Staat aus bevölkerungspolitisch

nachvollziehbaren Gründen jeder Familie nur ein Kind zu-
gesteht. Die geringfügige Prämie, die er für die Einhaltung
dieser Vorgabe zahlt, wird den Vätern und Müttern, die
durch die Katastrophe ihr Kind verloren, sofort gestrichen.
Ein Mitglied der couragierten Gruppe nimmt man zur Ein-
schüchterung der Mitstreiter sogar vorübergehend fest. Die
öffentliche Aufmerksamkeit schützt ihn vor einem Schicksal, das kritische Geister zunehmend ereilt. »In den letzten
Jahren«, berichtet der britische Menschenrechtler Robin
Munro, »wurden mehr und mehr Menschen zwangsweise in
die Psychiatrie gesperrt. Dies ist ein bequemer Weg für lokale
Funktionäre, Unbequeme loszuwerden. Seit den Neunzigern
landen immer mehr normale Bürger in der Zwangspsychia-
trie: Menschen, die Korruption in der Lokalregierung oder
am Arbeitsplatz aufdecken oder im Internet kritische Mani-
feste veröffentlichen.«

Den chinesischen Ministerpräsidenten Wen Jiabao prä-
sentieren die Medien nach dem Beben als den zu Tränen
gerührten und gleichzeitig tatkräftigen Landesvater. »Ja«,
kommentiert der Pekinger Künstler und Regimekritiker Ai
Weiwei, »dass Wen selbst an den Ort der Katastrophe gereist ist, hat viele Menschen tief beeindruckt. Aber er hat
dort nicht die Realität gesehen. Er besuchte beispielsweise
eine Schule. Vor seinem Eintreffen bedeckten die örtlichen
Beamten die Kinderleichen auf dem Schulhof mit einer Plastikplane. Als Wen auf die Plastikplane zeigte, sagten sie ihm:
›Wir züchten hier Pilze‹.«[4]

Die Geschichte der Eltern und Kinder von Fuxin weckt
bei mir schlagartig die Erinnerung an ein Gespräch, das ich
während meiner Korrespondentenzeit mit dem in Peking lebenden Kaufmann Josef Koller über den Jangtse-Staudamm
führe. Der Repräsentant verschiedener deutscher Firmen
liefert Baumaschinen für das gigantische Projekt und begibt
sich deswegen immer mal wieder vor Ort. »Und dabei«, be-

richtet er seinerzeit, »ist mir aufgefallen, dass mit der Mischung des Zements etwas nicht stimmte. Er enthielt nach meiner Ansicht viel zu viele Kohlepartikel. Das beeinträchtigt seine Konsistenz. Ich bin auf ein solches Phänomen schon mal während meiner Tätigkeit im Irak gestoßen. Da mussten permanent Risse abgedichtet werden.«[5]

Weil mir erst die Erdbeben-Katastrophe von 2008 die ganze Brisanz dieser Aussage bewusst macht, will ich mich, bevor ich sie niederschreibe, vergewissern, ob ich mich damals nicht verhört habe. Schließlich liegt auch die Staumauer, mit der sich die kommunistische Nomenklatura ein politisches Denkmal setzte, in einem vor Beben nicht sicheren Gebiet der Provinz Sichuan. Also rufe ich den Geschäftsmann Anfang 2009 in der australischen Metropole Melbourne an, wo er mittlerweile wohnt. »Genau, wie ich es damals beschrieben habe, ist es«, sagt er. »Die Kader haben einen Teil des für den Zement vorgesehenen Geldes für sich abgezweigt und verjubelt.«

»Da kann man nur hoffen, dass der Damm bei einem Erdbeben hält ...«

»Da kann man nur hoffen und beten – aber drauf wetten würde ich nicht.«

Die Brisanz dieses Themas offenbart auch der Fall eines Bürgers, den das Projekt aus seinem Heimatort vertrieb. Nachdem er sich vor westlichen Medien über verschleppte und unzureichende Entschädigungszahlungen beklagt hat, lauern ihm Schläger auf und verletzen ihn so schwer, dass er fast am ganzen Körper gelähmt bleibt. Dass solche Strafaktionen vor allem in der Provinz offenbar gang und gäbe sind, enthüllt kurz vor den Olympischen Sommerspielen in Peking eine ARD-Dokumentation. Als ich mir im März 2009 im Fernsehen ein Porträt des Staudammes anschaue, sehe ich zu meinem Schrecken alle Befürchtungen bestätigt: in der Mauer zeigen sich erste Risse, die das Wasser gnädig bedeckt. Unter dem Druck des anschwellenden Flusses kommt es immer häufiger zu Erdrutschen. Eine ganze Flotte von Fischern ist abgestellt, den in riesigen Teppichen an der Oberfläche schwimmenden Unrat einzusammeln. Traditionelle Stätten wie Tempel oder Grabmäler, die für die nationale Identität eine wichtige Rolle spielen, sind zu diesem Zeitpunkt längst in den Fluten verschwunden. Im Strudel der Gier und der Gigantomanie versinkt offenbar auch das so häufig beschworene kulturelle Bewusstsein.

Am 22. Juni 2009 veröffentlicht das Hamburger Abendblatt auf seiner Wissenschaftsseite eine Meldung mit höchster Brisanz: »Nur wenige Jahre nach ihrer Fertigstellung drohen Staudämme an Chinas Gelbem Fluss zu bersten. Vor allem in der nordwestchinesischen Provinz Gansu sei die Situation gefährlich, warnte die amtliche Zeitung *China daily*. Unterschlagung, billige Materialien und schlampig ausgeführte Arbeiten durch schlecht ausgebildete Kräfte hatten dafür gesorgt, dass mehrere Dämme an Seitenarmen des Gelben Flusses kurz vor dem Zusammenbruch stünden.«

Gewissenlose Beamte, die in ihrer Raffgier sogar eine Katastrophe in Kauf nehmen – auch das hat in China eine lange Tradition. Was der französische Sinologe Jacques Gernet in seinem Standardwerk »Die chinesische Welt« am Beispiel des Gelben Flusses aufzeigt, drängt Parallelen zum Jangtse auf, der zweiten Lebensader des Landes.

»Die Folgen der Korruption«, so der Wissenschaftler, »machten sich in einem lebenswichtigen Sektor bemerkbar: im Unterhalt der Deiche und Flussregulierungsanlagen. Die damit beauftragten Beamten zweigten Gelder für ihren eigenen Gebrauch ab, und es kam im Laufe der Jiaging-Ära (1798–1820) trotz der hohen Kredite, die für die Instandsetzung der Dammbrüche gezahlt wurden, zu sieben Überschwemmungen des Gelben Flusses … Diese kriminellen Unterschlagungen öffentlicher Gelder sollten mit der schrecklichen Katastrophe des Jahres 1855 enden, als der Lauf des Gelben Flusses ... sich vom Norden nach dem Süden der Halbinsel Shandong verlagerte. Diese Entfernung entspricht derjenigen von Le Havre nach Bordeaux ... Eine ähnliche Katastrophe ereignete sich im Jahr 1938.«

Anfang 2009, also gut sieben Jahrzehnte später, nehme ich brieflich Kontakt mit dem in den USA lebenden Geschäftsmann Gordon Ross auf, mit dem ich während meiner Pekinger Jahre in »Charly's Bar« so manches Glas geleert habe und dem ich wichtige Insider-Informationen verdanke. Der ehemalige Philosophie-Dozent, der perfekt Chinesisch spricht, hat, typisch amerikanisch, beruflich radikal umgesattelt und berät seit dem Ende seiner akademischen Laufbahn die chinesische Führung bei der Exploration des überlebenswichtigen Rohstoffes Öl.

Ich frage Gordon Ross, welche Rolle in der Volksrepublik gegenwärtig die Korruption spielt. Einen Tag, bevor er wieder einmal nach Fernost aufbricht, antwortet er per E-Mail: »Auf Bestechung stößt man in China noch immer bei jeder Gelegenheit. In den achtziger Jahren ging es um diskrete Aufmerksamkeiten – Zigaretten oder ein gutes Essen. Heute wechseln große Summen den Besitzer.« Und mein alter Bekannter zitiert eine in China kursierende Alltagsweisheit: »Es gilt nicht als Fehler, jemanden zu bestechen, um sein Ziel zu erreichen. Es ist ein Fehler, sich dabei ertappen zu lassen.« Die Schlussbemerkungen in dieser Mail belegen, dass Gordon Ross seinen Realitätssinn während der Abwesenheit aus Peking nicht eingebüßt hat: »Gut, dass ich in der Lage bin, noch vor meiner Abreise aus den USA zu antworten. Meinen Dienstcomputer in Peking hat die Behörde zu hundert Prozent unter Kontrolle.«

Ein Arsenal von Zahlen bestätigt die Einschätzung des amerikanischen Experten. Die Korruption, so die Berechnungen eines Pekinger Ökonomen, frisst gegenwärtig 17 Prozent des chinesischen Bruttosozialproduktes auf. Folgerichtig bezeichnen 60 Prozent der Bevölkerung dieses Phänomen bei einer Umfrage als den größten gesellschaftlichen Missstand des Landes. Bei einem 2008 veröffentlichten Korruptionsindex schneidet Deutschland als fünftbeste Nation ab. Die Volksrepublik landet auf dem vorletzten Platz. Und man darf in diesem Zusammenhang nicht vergessen, dass es vor allem ihre Anti-Korruptions-Slogans waren, mit denen es der revoltierenden akademischen Jugend im Frühjahr 1989 gelang, die Massen zu mobilisieren. Ewig wird mir der viele Meter lange Korruptions-»Stammbaum« in Erinnerung bleiben, den die Studenten der Beida-Universität auf ihrem Campus auslegten, um zu veranschaulichen, welcher hohe Parteikader welchen Verwandten welche Pfründe und Privilegien zuschanzte.

Anderthalb Jahrzehnte später besuche ich während einer China-Reise den mir aus meiner Korrespondentenzeit bekannten Journalisten Johnny Erling, der für die Tageszeitung *Die Welt* aus Peking berichtet. In seinem Büro fällt mir ein dicker Aktenordner auf, dessen traurigen Inhalt das Stichwort »Suizide« markiert. Dabei geht es, wie mich der Kollege aufklärt, vor allem um Bäuerinnen, die in den rückständigen Provinzen ihrem Leben ein Ende setzen. Der Hintergrund: Weil die karge, oft mit überhöhten Abgaben belegte Scholle nicht genügend abwirft, sehen sich viele der Männer gezwungen, als Wanderarbeiter in den boomenden Metropolen ihr Glück zu suchen. Das Feld bestellen, das Kind großziehen, die strikten konfuzianischen Rituale einhalten, sich der Willkür der Kader erwehren, die Trennung von dem oft Tausende Kilometer entfernten Partner ertragen – es ist eine Last, die manche dieser Frauen überfordert.

Als ich in der zweiten Hälfte der achtziger Jahre zum ersten Mal einen Film über die Probleme der Wanderarbeiter drehe, liegt deren Zahl bei etwa 50 Millionen. Heute reichen die Schätzungen bis zu 200 Millionen. Es handelt sich um die größte interne Völkerwanderung der Menschheitsgeschichte. Dass sie noch anschwellen wird, liegt auch an dem strukturellen Wandel, der auf die Chinesen gerade einwirkt. Nach einer Schätzung des Pekinger Arbeitsministeriums verloren in der zurückliegenden Dekade allein vierzig Millionen Bauern ihr Land durch die Urbanisierung der Gesellschaft. In den nächsten fünf Jahren kommen ausschließlich durch diesen Effekt 15 Millionen hinzu. Angesichts dieser Dimension stünde es in einem argen journalistischen, aber auch moralischem Missverhältnis, sich – wenn auch zu Recht – über die Ausbeutung geistigen Eigentums zu echauffieren und darüber das ausbeuterische Umfeld westlicher Investitionen außer Acht zu lassen.

Selbst in der an Hongkong grenzenden Sonderzone Shenzhen, die der Reformer Deng Xiaoping zum Modell für die wirtschaftliche Öffnung Chinas erkor, schuften die in die Metropolen strebenden Arbeitsnomaden unter Bedingungen, die den Ludwigshafener Sinologen Jörg-M. Rudolph an den »europäischen Frühkapitalismus« erinnern. Dass er nicht übertreibt, belegt eine 2007 veröffentlichte China-Dokumentation der Menschenrechtsorganisation »Amnesty International«. Ihr Titel: »Die menschlichen Kosten des Wirtschaftswunders.« Die Arbeitszeit in den Textilfabriken der südchinesischen Musteransiedlung, so der Report, beträgt »in der Regel zwölf bis 14 Stunden am Tag ... , sieben Tage in der Woche, mit nur einem freien Tag im Monat«.[6]

Eine Näherin wird mit den Worten zitiert: »Wir machten jeden Tag Überstunden und konnten frühestens um 23 Uhr Feierabend machen ... Wir waren erschöpft. Manche wurden sogar ohnmächtig, so müde waren sie.«[7] Im *China Labour Bulletin* schildert eine Fabrikarbeiterin aus Dongguan das System, mit dem Wanderarbeiter unter Druck gesetzt werden: »Wenn du zu erschöpft bist, um aufzustehen, kannst du einen Tag unentschuldigt fehlen. Aber das sollte man nur im äußersten Notfall machen, denn dann verlierst du deinen Anwesenheits- und Überstundenbonus für den gesamten Monat. Außerdem ziehen sie dir den Lohn für vier volle Tage ab, als Strafmaßnahme.«[8]

Nach einer Umfrage des Nationalen Statistikbüros haben 46 Prozent dieser Bürger dritter Klasse keinen Arbeitsvertrag. Jeder zweite bekommt Überstunden nicht bezahlt, und fast 15 Prozent warten monatelang oder völlig vergebens auf die Auszahlung ihres Lohns. Rechtlicher Beistand bleibt für die meisten Betroffenen eine Illusion. »Ein chinesischer Wanderarbeiter mit 50 bis 80 Euro Verdienst im Monat«, berichtet der Hamburger Jurist und China-Experte Rolf Geffken, »ist eben kaum in der Lage, ein ansehnliches Honorar zu zahlen. Obwohl ein Gesetz derartiges Verhalten verbietet, sagte ein Vertreter einer großen Kanzlei in Kanton, er empfände diese Klienten als Belästigung und schicke sie wieder weg, wenn sie sich zu ihm verirren würden.«[9]

Der Stress, den die ausbeuterischen Bedingungen in der Fabrik und der tägliche Überlebenskampf erzeugen, erhöht die Risiken am Arbeitsplatz. Insgesamt, so eine der jüngsten Statistiken, sterben in China im Jahr etwa 136 000 Menschen durch Arbeitsunfälle. Von denen, die überleben, beklagt der Amnesty-International-Report, bekommen 70 Prozent keinerlei Entschädigung. Da sie oft ohne jede Krankenversicherung dastehen, können bei den Arbeitsnomaden schon kleine Blessuren zu schwerwiegenden Konsequenzen führen.

Die Menschenrechtsorganisation macht das Dilemma am Beispiel des Hilfsarbeiters Cha Guoqun fest, den die Armut aus dem Dorf in die große Stadt trieb. Als sich an einem seiner Beine eine Wunde entzündet, sucht er eine staatliche Klinik auf. Der Arzt eröffnet ihm zwei Möglichkeiten: entweder er bezahlt umgerechnet hundert Euro pro Tag für eine konventionelle Behandlung, oder er lässt sich das Bein, damit es als Kostenfaktor wegfällt, amputieren. So wäre es wohl auch gekommen, hätte nicht in letzter Minute eine christliche Hilfsgruppe das Geld für die Behandlung aufgebracht.

Auch die Frauen, die sich unter solchen Bedingungen als Hilfskräfte verdingen, setzen sich erheblichen gesundheitlichen Gefahren aus. Zwei Drittel aller Chinesinnen, die im Zeitraum der Untersuchung während der Schwangerschaft starben, stammten aus dem Kreis der Wanderarbeiterinnen. »Bei teuren Behandlungen«, resümiert die Journalistin Du Jia ihre Recherchen auf diesem Gebiet, »werden sowieso nur die Reichen bedient. Die Transplantation eines Organs kommt einem Scheich eher zugute als einem normalen chinesischen Bürger, der häufig nicht einmal eine Chemotherapie bezahlen kann.«

Es ist wohl der Mut der Verzweiflung, der 2007 eine Gruppe chinesischer Arbeiterinnen aus der Sonderzone Shenzhen dazu treibt, im Ausland auf die skandalösen Bedingungen bei der Herstellung von Batterien aufmerksam zu machen. Im Hamburger Gewerkschaftshaus berichten sie ihren sichtlich betroffenen Zuhörern, dass sie allesamt unter hochgradigen, nicht mehr reparablen Vergiftungen leiden und nun dafür kämpfen, dass man wenigstens ihre Familien entschädigt. Auf dem Land, woher sie kommen und wohin sie schon bald zurückkehren müssen, sind ihre Heiratschancen wegen der in Shenzhen erlittenen Schäden gleich null.

In seinem *journal* fragt Amnesty International den französischen Politologen Antoine Kernen, warum sich der Staat nicht stärker für die Umsetzung des von ihm selbst konzipierten Arbeitsrechtes einsetze. »Die lokalen Behörden«, analysiert der Experte für chinesisches Arbeitsrecht, »sind oft eng mit den Unternehmen verstrickt und haben kein Interesse an Kontrollen, die zu einer Profitminderung führen. Auch die Zentralregierung hat kein Interesse, die Wirtschaft durch Eingriffe zu bremsen. Deren Erfolge dienen schließlich, trotz der wachsenden sozialen Ungleichheit, der Legitimation der Regierung.«[10]

Die Amnesty-Recherchen bestätigen einen Bericht des Magazins *STERN*, der bereits 2004 die ausbeuterischen Methoden in der Sonderzone Shenzhen enthüllt. In ihren zwei größten Industrievierteln, so das Blatt, »verlieren täglich 27 Arbeiter Hände, Arme oder Beine«. Über seine Arbeitszeit in der Spielzeugfabrik »Sechsfache Harmonie« sagt ein ehemaliger Bauer: »Jeden Tag mehr als 14 Stunden. Nachts steckten sie uns zu zwölft in ein kleines stickiges Zimmer voller Moskitos.« Den als »Chefdenker der chinesischen ›Neuen Linken‹« vorgestellten Wissenschaftler Wang Hui zitiert das Blatt mit der Erkenntnis: »Unsere Staatsführer haben ihr eigenes Volk kolonisiert.«[11]

15.

»Schau, so ein Affe bin ich«

Der Pakt mit den neuen Reichen

Ganz gut existieren dürfte man in China durchaus mit dem Gehalt eines höheren Beamten. Wer aber in dieser Position über das Wohl privater Unternehmen mitentscheidet, kann es sogar zu einem Leben in Luxus bringen – wie Pekings Vizebürgermeister Liu Zhihua, der vor den Olympischen Sommerspielen 2008 die Bauaufträge für die neuen Stadien erteilt. Vor den Toren der Hauptstadt lässt er sich in dieser Zeit einen Palast mit 150 Räumen errichten und hält sich mehrere Mätressen. Er kassiert nicht nur Bestechungsgelder von Baufirmen, sondern auch von Immobilienmaklern. »Eine Buick-Limousine, zwei Wohnungen und drei Sets Juwelen«, listet die Zeitung *Südliches Wochenende* auf.

Dass der Skandal überhaupt ans Tageslicht kommt und sich der Kader im Herbst 2008 vor Gericht verantworten muss, verdankt die Öffentlichkeit einer seiner Geliebten. Aus Ärger über einen aus ihrer Sicht unzureichenden Liebeslohn zeichnet sie die Sexspiele mit dem 59-jährigen Familienvater per Video auf und verschickt das Band an diverse Behörden. Chinas Staats- und Parteichef Hu Jintao höchstpersönlich verlangt, wie chinesische Medien berichten, eine lückenlose Aufklärung des Falles. Steckt dahinter, so fragt man sich in Peking, ausschließlich die hehre Absicht, die Korruption zu bekämpfen? Viele Beobachter bezweifeln das. Nach ihrer Einschätzung will Hu, indem er den Vizebürgermeister fallenlässt, auch jene Funktionäre vor einem ähnlichen Schicksal warnen, die vor einem Parteikongress nicht hundertprozentig hinter ihm standen.

»Das Huhn töten, um den Affen zu schrecken«, lautet die entsprechende chinesische List. Das Huhn ist in diesem Fall der ertappte Beamte, der Affe der zu Eigensinn neigende Teil der Nomenklatura. Funktionieren kann dieses Strategem allerdings nur, wenn alle oder zumindest fast alle Betroffenen in dubiose Praktiken verwickelt sind.

Die Geschichte von dem unersättlichen Bürgermeister nährt in all ihren Facetten den Verdacht, dass bei politischen Entscheidungen in China nicht das Wohl der Gemeinschaft, sondern das eigene Interesse im Vordergrund steht. Und sie dokumentiert, dass das feudale Gebaren so mancher Kader vor dem Hintergrund der ländlichen Armut längst die Grenze zur Obszönität überschritten hat. »Abgehoben wie Ludwig der Vierzehnte« gerierten sie sich, meint der China-Experte Jörg-M. Rudolph, der den nationalen Polit- und Geldadel als Repräsentant der deutschen Wirtschaft aus nächster Nähe beobachten konnte.

Sein Musterbeispiel ist der Spitzenfunktionär Chen Liangyu, der als Parteisekretär der Metropole Shanghai umgerechnet 300 Millionen Dollar aus dem Pensionsfond der Stadt für Immobilien- und Straßenbauprojekte zweckentfremdet, von denen vor allem Freunde und Verwandte profitieren. Bevor man ihn im September 2006 unter Hausarrest stellt, gehört er als Mitglied des Pekinger Politbüros zu den 24 mächtigsten Figuren Chinas.

Im Herbst 2008 berichtet das Blatt *Südliches Wochenende* über einen Parteisekretär, der in der boomenden Industriestadt Wenzhen die öffentlichen Immobilien verwaltet. Noch während er sich bestechen lässt, schickt er seine Familie nach Paris. Als der Skandal ruchbar wird, setzt sich der Funktionär selbst nach Frankreich ab – ein typischer Fall, so die

Zeitung[1]. Laut einer Statistik des Handelsministeriums seien bisher 4000 korrupte Beamte mit insgesamt »mehr als 50 Milliarden US-Dollar« ins Ausland geflohen. Wo bleibt da, so fragt man sich, der Patriotismus, den die Partei im Konfliktfall so häufig instrumentalisiert?

Fest steht, dass die Volksrepublik China, die einst die klassenlose Gesellschaft propagierte, innerhalb weniger Jahrzehnte eine lupenreine Klassengesellschaft hervorbrachte. In einem internationalen Index, der soziale Unterschiede vergleicht, rutscht China 2004 auf Platz 104 ab – zwei Plätze hinter Kirgisistan und einen vor El Salvador. Eine spätere Erhebung der Weltbank fällt noch drastischer aus. Danach klafft die Wohlstandsschere in keinem Land so weit auseinander wie in der Volksrepublik. »Die soziale Ungerechtigkeit«, urteilt die Fernsehjournalistin Du Jia, »ist im Moment das mit Abstand größte Problem des Landes.«

Diese Einschätzung relativiert den Hinweis vieler China-Experten, dass die Reform etliche Millionen Menschen aus der totalen Armut befreit habe und dass auf diese Weise eine ökonomische Substanz entstanden sei, die eines Tages zwangsläufig auch zu gravierenden sozialen Reformen führe. Aber nur wenn die Reichen bereit wären, so die schlichte Verteilungs-Arithmetik, zugunsten der Benachteiligten signifikante Abstriche zu machen, ließe sich die Gesellschaft gerechter gestalten. Der alle anderen Impulse überragende Egoismus degradiert, wie ich meine, solche Gedankenspiele zur Illusion.

Eine die nationale Identität, das materialistische Denken und den Feudalismus fördernde Philosophie, eine bis in den letzten Winkel des Reiches hineinregierende Partei sowie eine in das Wirtschaftsleben eingebundene Armee – dies sind zwar veritable Bindemittel der Macht. Doch bedarf es weiterer Garniere, soll eine aus den Fugen geratene Nation nicht auseinanderbrechen, deren ökonomische Dynamik auch auf

Ausbeutung und dem Diebstahl geistigen Eigentums beruht. Ein wichtiger Faktor ist in diesem Zusammenhang eine Gruppierung, die vor der Einführung der Reformen kaum eine Rolle spielte, die der entfesselte Markt aber ständig wachsen lässt: die Mittelschicht. Zwischen zwanzig und fünfzig Millionen Bürger gehören ihr nach Schätzungen von Experten an.

Die Repräsentanten dieser Klasse betreiben Maklerbüros, Arztpraxen, Taxizentralen oder Schönheitssalons. Sie erschließen Bauland, drehen Werbespots, beraten Unternehmen oder spekulieren an der Börse. Sie flanieren, shoppen oder dinieren in Vierteln, wie man sie auch von Tokio, Singapur, Sydney oder München kennt, und mit ihrem modischen Outfit und ihrer dynamischen Ausstrahlung vermitteln sie ausländischen Besuchern das Bild einer offenen, zukunftsorientierten Gesellschaft. Aus diesem Kreis, zumindest aber seinem progressiven Kern, so habe ich lange gedacht und auch verkündet, rekrutiert sich, weil den materiellen Bedürfnissen der geistige Hunger folgen wird, schon bald ein wichtiger Teil der politischen Avantgarde.

Das war ein Irrtum. Denn was für asiatische Nationen wie Taiwan, Thailand, Südkorea oder Indonesien gilt, wo die Mittelschicht massiv demokratische Bewegungen stützte, lässt sich nach neueren Erkenntnissen offenbar nicht auf die Volksrepublik China übertragen. Zu stark und zu nachhaltig wirkt in diesem Staat, zu dessen Wesen bis in die heutige Generation hinein die Entbehrung und die Einschränkung gehörten, die Droge der neuen ökonomischen und persönlichen Freiheiten.

»Ein Chefredakteursposten und ein VW-Santana genügen schon«, klagt der in London lebende Schriftsteller Yang Lian, »um einem das Gewissen abzukaufen; dafür ruft so einer heute: ›Natürlich stehe ich hinter der KP!‹ Das hat mir der heutige Chef der Zeitschrift *Life Weekly*, Zhu Wei, ins Gesicht gesagt. Vor ein paar Jahren noch, wenn wir uns trafen, konnte man spüren, dass solche Leute sich noch ein wenig schämten – vor etwa zwei Jahren dann merkte ich den Wandel: Die Leute hatten die sie niederdrückenden Widersprüche wohl satt. Es ist nicht so, als wüssten sie nichts von der Not der Bauern, so wie es auch unvorstellbar ist, dass sie noch nie das Heulen und Klagen der Arbeitslosen oder der Zwangsumgesiedelten vernommen hätten. Genau dahinter aber ›stehen‹ sie! ... Muss denn Opportunismus so gewissenlos sein? Ihr wisst doch alle ganz genau, was das Gute wäre und haltet doch stur am Schlechten fest, und das nur, weil ihr in dem üblen System bequemer an euren Vorteil kommt.«[2]

»Die meisten Städter«, bestätigt der China-Kritiker Kai Strittmatter, »haben ... den faustischen Pakt akzeptiert, den ihnen die Partei nach Tiananmen 1989 anbot: ›Mach Geld – und halt den Mund‹ ... Der Ein-Parteien-Staat gewährt private Freiheiten, schlägt aber sofort zu, wenn er sich politisch bedroht fühlt.«[3] Auch der Ludwigshafener Sinologe Jörg-M. Rudolph erwartet von dieser Klasse »nichts, absolut nichts«.

Der australische Publizist David Goodman teilt die Skepsis in diesem für die Zukunft so wichtigen Punkt. In einem Buch, das er über Chinas Neureiche schrieb, schließt er es sogar aus, dass sich in diesem Land in absehbarer Zeit ein bürgerlicher Block mit aufklärerischen Tendenzen bilden könnte. Die Profiteure der Reform würden, schreibt er, »weniger eine neue Mittelklasse bilden als vielmehr einen zentralen Teil der künftigen herrschenden Klasse.«

Welche konkreten Auswirkungen diese Mechanik bereits heute auf die gesellschaftlichen Bedingungen hat, beschreibt die Sinologin Kristin Kupfer, die als Korrespondentin für das österreichische Nachrichtenmagazin *Profil* in Peking arbeitet. »Bis heute spricht sich die Elite nur vereinzelt für eine Stärkung der benachteiligten Bevölkerungsgruppen durch

unabhängige Interessengruppen aus. Anhänger eines markt-
wirtschaftlichen Reformweges, auch ›neue Rechte‹ genannt,
sehen das Heil Chinas durch eine ›wachstumshemmende
staatliche Sozialpolitik‹ gefährdet. Kader und Unternehmer,
die den Status quo aufrechterhalten wollen, haben ebenfalls
kein Interesse an einer erstarkten Arbeiter- und Bauern-
schicht. Die wachsende Mittelschicht nimmt zwar ihre
eigenen Rechte immer mehr in Anspruch. Ihr soziales Engagement beschränkt sich jedoch größtenteils auf die ... Ab-
sicherung der eigenen Eltern und Kinder.«[4]

Ein Stützpfeiler fehlt noch in dem Ensemble, das der Partei die Macht und ihren Kadern die Privilegien sichert: die
Justiz. Westliche Investoren, die mit ihr zu tun haben, bekommen eine Ahnung davon, wie und in wessen Interesse
sie agiert. Einheimische Bürger, die in ihre Mühlen geraten,
müssen um ihre Existenz fürchten. Eine heute in Schweden
lebende Chinesin hat den Apparat 15 Jahre lang von innen
kennengelernt. In einem unmittelbar vor den Olympischen
Spielen 2008 publizierten Traktat legt sie schonungslos bloß,
dass auch die juristische Willkür die ökonomische Öffnung
überstanden hat – trotz des Menschenrechtsdialogs mit dem
Westen. Der Insider-Report beginnt zeitlich mit einer Phase,
in der sich das Land in der Blüte der Reformen befindet, und
er endet mit den Zuständen im China der Gegenwart. Auszüge aus einem Dokument, das zur Reiselektüre von Poli-
tikern, Geschäftsleuten, Ingenieuren und Touristen gehören
sollte:

»1984 war ich 18 Jahre alt und fing zusammen mit 150
anderen Abiturienten eine Ausbildung bei Staatsanwalt-
schaft und Gericht an. Während der Ausbildung lernten wir
die Grundprinzipien: Das Interesse der Partei und des Staates
geht über alles. Die Vollzugsorgane müssen den Befehlen der
Partei gehorchen. Das Recht hat der herrschenden Klasse
zu dienen. Bis heute wird bei den Justizorganen, bei Staats-

anwaltschaften und Volksgerichten jede Woche ein halber Tag für politische Gehirnwäsche reserviert. Die Politik steht über dem Gesetz – diese Gesinnung ist den Beamten mittlerweile so selbstverständlich, dass niemand sie hinterfragt.« Zur Kampagnen-Manie der Kommunistischen Partei schreibt die Autorin:

»In den drei Jahrzehnten seit Maos Tod wurden in China viermal Kampagnen unter der Bezeichnung ›Hartes Durchgreifen‹ gestartet – 1983, 1989, 1996 und 2001. Deren Ziel war, Kriminelle schnell und strikt zu bestrafen. Dabei brauchten die Justizbeamten überhaupt nicht auf Verfassung, Strafgesetz oder Strafprozessordnung zu achten. Alle Festnahmen und Verurteilungen wurden aufgrund von Befehlen der Partei vorgenommen. Während solcher Kampagnen bekamen viele Fabriken feste Quoten. Wenn eine Fabrik zum Beispiel 500 Mitarbeiter hatte, mussten 30 festgenommen werden. Um solche Planziffern zu erreichen, wurden oft sogar Leute festgenommen, die nur in Toiletten vulgäre Schimpfworte an die Wand geschrieben hatten.« Den diametralen Gegensatz zwischen westlicher und chinesischer Rechtsauffassung verdeutlicht die folgende Schilderung:

»Körperliche Züchtigung und Beschimpfungen, die Praxis, Verdächtige tage- und nächtelang zu verhören und Geständnisse zu erpressen – das alles gehört traditionell zu den Methoden der chinesischen Justizorgane. Daran hat sich nichts geändert … Es ist auch vorgekommen, dass die Polizei nach mehr als zehn Jahren im Zuge ganz anderer Ermittlungen die wahren Täter fand und die zu Unrecht Verurteilten wieder entlassen wurden. Eine Entschädigung haben sie jedoch nicht bekommen. Zum Beispiel wurde in der Provinz Hunan ein Metzger namens Teng im Jahr 1989 wegen Mordverdachts in Haft genommen. Am Anfang behauptete er, niemanden getötet zu haben. Nach ein paar Monaten gestand er unter Folter das Verbrechen ein, am 28. Februar 1990 wurde er erschossen. Kurz vor der Vollsteckung schrie er hysterisch: ›Ich bin unschuldig!‹ 2005 wurde er freigesprochen, da die von ihm angeblich Ermordete wieder auftauchte – lebend ... Die Polizisten, die ihn gefoltert hatten, der Staatsanwalt und der Richter, die ihn angeklagt und verurteilt hatten – sie alle bekamen nur jeweils eine ›parteiinterne Verwarnung‹.«

Irgendwann kommt die junge Journalistin zu der Erkenntnis, dass die Pervertierung des Rechts zur persönlichen Deformation führt.

»Ich habe dieses inhumane Justizsystem schließlich nicht mehr ausgehalten. Ich fürchtete, wenn ich weitermache, büße ich mein gutes Wesen ein und werde ein schlechter Mensch. Auch erwartete ich ein Kind von meinem deutschen Freund, das ich aber abtreiben musste, weil ich Staatsanwältin war. Auf manchen Gebieten sind die Justizbehörden heute noch schlechter und korrupter als früher. Vor zwanzig Jahren wurden die Kinder hoher Funktionäre oder Reiche, die gegen das Gesetz verstoßen hatten, genauso wie normale Bürger angeklagt und verurteilt. Heute können sich die einen durch ihre Beziehungen, die anderen durch Bestechung von der Strafverfolgung befreien. Vor zwanzig Jahren war es eine Sensation, wenn ein Staatsanwalt oder Richter Bestechungsgeld in Höhe von ein paar hundert oder auch zigtausend Yuan angenommen hatte. Heute ist Bestechung von mehreren Millionen Yuan Alltag.«

Der Ausblick auf die Zukunft der Rechtsprechung macht wenig Hoffnung auf eine Verbesserung der Zustände.

»Vor zwanzig Jahren wären die Beamten nie auf die Idee gekommen, sich eine höhere Position zu erkaufen. Aber jetzt machen sie Karriere vor allem dadurch, dass sie ihre Bestechungs-Einnahmen an ihre Vorgesetzten oder an hohe Funktionäre weiterschenken. Bei der Beförderung von Staatsanwälten und Richtern ist juristisches Wissen und Niveau nicht mehr das Wichtigste. Bei Polizei, Staatsanwalt- und

Richterschaft betrug der Anteil der Kinder hoher Funktionäre vor zwanzig Jahren nicht einmal zwanzig Prozent, inzwischen ist er auf gut 80 Prozent gestiegen. Nicht wenige verfügen nicht einmal über einen Jura-Abschluss.«[5]

In China hätte die 1966, also zu Beginn der Kulturrevolution geborene Juristin eine solche Schrift niemals publizieren können. Der Untergrund ist in ihrer Heimat das Asyl der Kritik. Aus dieser subversiven Sphäre stammen die Verse, die ein Dichter aus der Hafenstadt Tianjin über die Ungerechtigkeiten der Gesellschaft verfasste. »Ich, oder ein Affe« lautet der Titel seines Poems, das die Ausführungen der ehemaligen Staatsanwältin mit der archaischen Kraft des Zorns und der Trauer anreichert:

Um die Last
von der Nation, vom Volk zu nehmen,
willige Ich,
ein einfacher Mensch,
eine unscheinbare Person, ein,
meinen Titel als Mensch aufzugeben.
Von nun an entwickele ich mich rasch
zurück.
In einen Affen.

Ich hoffe ehrlich,
dass ich mich leicht anleinen lasse.
Mein neuer Herr, ein Bauer,
dessen Land die Fluten verschluckten.
Ich wäre bereit, im Ödland der Städte,
kurz bevor die Polizei uns vertreibt,
meine berühmten Tricks vorzuführen,
so dass ich meinem heimatlosen Herrn
ein paar Cents verdienen kann.
Und dass ich all den arbeitslosen

Brüdern und Schwestern,
die mich zufällig auftreten sehen,
ein paar Momente Glück
in ihre verschlissenen Gesichter und
Herzen bringen kann.

Kindern würde ich kein Haar am Leibe
krümmen.
Weil meine Liebe zu ihnen so groß ist
wie zu jedem funkelnden Stern am
Himmel.
Für sie, für diese unbezahlbare Hoffnung,
würde ich mich ohne Zögern
vor die purpurn glänzenden Gesichter
der Funktionäre werfen,
vor die fetttriefenden Hirne der Neureichen,
die sich am Bankett des Lebens laben,
würde sie meinen Schädel zersplittern
und noch die letzten Tropfen Poesie
aus meinem Hirn saugen lassen.

Und so würde ich sterben ohne Reue.
Schau, so ein Affe bin ich,
ein unscheinbarer Affe,
für ewig im Dienste am Volk und Vaterland,
so ein Affe.[6]

Mit der gleichen eruptiven Wut verdammte schon Chinas großer Dichter Lu Xun den alltäglichen Feudalismus. »Die chinesische Kultur«, schrieb er 1925, »ist nichts anderes als ein Festessen aus Menschenfleisch, das nur den Reichen zum Genuss zubereitet wird.« Die bis heute geltende gesellschaftliche Doktrin gibt allerdings der Morallehrer Konfuzius vor: »Der Herrscher sei Herrscher, der Untertan sei Untertan.«

V.
WERTE UND WÜRDE

16.

**»Er kaufte ein T-Shirt und landete
beim Hautarzt«**

Im Plagiats-Museum von Solingen

Solingen … Die Erinnerung an diesen Städtenamen reicht bei
mir bis tief in die Kindheit. Tranchierte das große Küchen-
messer die Weihnachtsgans mit widerstandsloser Leichtig-
keit, dann murmelte irgendjemand am Tisch anerkennend:
»Solingen!« Mit dem gleichen Prädikat bedachte man bei uns
zu Hause so manchen Hieb mit dem Hackebeil oder Schnitt
mit der Gartenschere, auch die blessurfreie Rasur. Solingen –
dieser Begriff galt und gilt, was die trennende Kraft der Klinge
betrifft, als Synonym für Qualität. Aus guten Gründen ließ
ihn der »Industrieverband Schneid- und Haushaltswaren«,
der seinen Sitz selbstverständlich in Solingen hat, unlängst
weltweit als Markenzeichen schützen.

Enervierender Nieselregen durchnässt die für die »Perle
des Bergischen Landes« typischen Schieferdächer, als ich an
einem Sonntagmorgen im Oktober 2008 zum Südpark stre-
be, wo man mit Inspiration und Initiative, den Elixieren einer
freien Gesellschaft, gegen die depressiven Schübe ankämpft,
die auch Solingens mittelständische Wirtschaft angesichts
globaler Erschütterungen immer mal wieder erfassen. Auf
dem 30 000 Quadratmeter großen Areal eines vor wenigen
Jahren stillgelegten Bahnhofs füllen Fotografen, Tischler,
Maler, Bildhauer oder Graphiker ihre Ateliers mit dem Flair
der Avantgarde.

Eine Ausstellung über die Unterdrückung von Frauen konterkariert die Abstraktion ihrer Werke durch handfeste Aufklärung. Diesem Zweck dient auch das Projekt, das wegen seiner Einmaligkeit aus dem Komplex herausragt: das am 1. April 2007 eröffnete »Museum Plagiarius«. Es stellt nicht, wie es normalerweise zur Programmatik solcher Einrichtungen gehört, das Vergangene in den Mittelpunkt, sondern die Gegenwart. 250 Produkte, *made in Germany*, präsentiert es in seinen Vitrinen und auf seinen Konsolen – und direkt daneben, zumeist *faked in Fareast*, ihre Plagiate. Mit der Einrichtung dieses Hauses macht die deutsche Industrie eines ihrer größten Probleme manifest und verbaut sich damit, in einem Akt offensiven Selbstschutzes, den Weg zurück zu einer Strategie des Verdrängens, Beschönigens und Verschweigens.

18 000 Besucher haben sich in dem Haus, gegen zwei Euro Eintritt, in den ersten anderthalb Jahren umgesehen. Ihr Spektrum reicht vom Konsumenten über den Ingenieur bis zum Fälscher, der hier inkognito auslotet, wieweit er gehen kann. Die Reaktion, die ich an diesem trüben Sonntag am häufigsten beobachte: Kopfschütteln. Das Spektrum der Objekte, deren zum Teil plumpe, zum Teil raffinierte Fälschungen auch mich in dieser Ballung fassungslos machen, reicht vom Eierbecher »Olaf« über den Kapselheber »Froschkönig«, den Korkenzieher »Sancho« oder den Garderobenständer »Eden« bis zu Taschenrechnern, Trainingsanzügen, Radiergummis, Mozartkugeln, Feuerzeugen, Klobürsten, Gemälden, Potenzpillen und Staubsaugern. »Produkt- und Markenpiraterie«, ruft einer der Begleittexte in Erinnerung, »stellt zweifelsohne eine der gravierendsten Formen der Wirtschaftskriminalität im 21. Jahrhundert dar.«

Einmal im Jahr zeichnet die für das Museum mitverantwortliche »Aktion Plagiarius e.V.« besonders auffällige Nachahmungen mit einem »Negativpreis« aus, einem, wenn man so will, Oskar für Dreistigkeit. Die von dem Designer Rido Busse kreierte Trophäe hat die etwas verfremdete Form eines Gartenzwerges. Seine goldene Nase soll den schnellen und unverdienten Profit symbolisieren. Sieger im Jahr 2008: China. Die Fabrik »Shantou Lian Plastic Products« aus der Messestadt Kanton hat sich die »Auszeichnung« für die schamlose Fälschung eines Salz- und Pfeffer-Sets verdient. Das leidtragende deutsche Unternehmen: die Firma WMF aus dem schwäbischen Geislingen. Auch der »Sonderpreis für einen Serientäter«, Kategorie »Technik-Klau«, geht an einen Delinquenten aus der Volksrepublik – die ebenfalls in Kanton residierende Spielzeugfabrik »Jusweet Candytoy China Ltd«. Sie kopierte 1:1 die Modelle von Baufahrzeugen, die man bei der Firma »BRUDER« im fränkischen Fürth ersann. Die von den Veranstaltern erhoffte Reaktion aus der Volksrepublik bleibt aus. Mitte Februar 2009 übermittelt mir die »Aktion Plagiarius« die neuesten Preisträger. Wieder befinden sich im Spitzentrio zwei chinesische Firmen. Die eine hat eine Kniebandage kopiert, die andere einen Trolley.

Den Dieb beschämen statt ihn ständig zu besänftigen und ihm am Ende zu verzeihen – auch die Verleihung der Negativpreise bedeutet eine Wende in der Politik gegenüber den kriminellen Machenschaften der fernöstlichen Konkurrenz. Indem man sie in aller Öffentlichkeit das Gesicht verlieren lässt, trifft man sie sogar an ihrem kulturellen Nerv.

Der Volksrepublik China ist in diesem Museum während meines Besuches eine eigene Ausstellung gewidmet. Sie belegt das komplette obere Stockwerk und nimmt gleich am Eingang einen der bekanntesten Markenartikel der Welt in ihren Fokus: das in den zwanziger Jahren des vergangenen Jahrhunderts von den Vereinigten Papierwerken Nürnberg auf den Markt gebrachte und nun in China kopierte Tempo-Taschentuch. Die berühmte blauweiße Verpackung gleicht zu hundert Prozent dem deutschen Vorbild. Auch die in der Originalgröße aufgedruckten Namensvarianten suggerieren der chinesischen Kundschaft westliche Wertarbeit: »tembo«, »tempe«, »terpo«, »taupo«, »tango« … Das Kalkül: Die Abwandlungen sollen vor Copyright-Komplikationen schützen, sind aber so gering gehalten, dass von ihrer Magie möglichst nichts verlorengeht. Ein Kommentar weist darauf hin, auf welchen Effekt die fernöstlichen Trittbrettfahrer spekulieren: »Der eindeutige Wiedererkennungswert eines Markenartikels gewährleistet in einer unüberschaubaren Warenwelt, in der Tausende von Produkten um die Gunst der Verbraucher buhlen, den ausschlaggebenden, kaufstimulierenden Unterschied.«

Wut und Kampfbereitschaft schimmern in den Begleittexten durch, die sich mit den ungleichen Startbedingungen beschäftigen: »Der Originalhersteller hat ein Vielfaches an Zeit und Know-how investiert, um ein innovatives und hochwertiges Produkt zu entwickeln. Er ist in Vorleistung gegangen und muss nun – um Arbeitsplätze und weitere Innovationen zu sichern – die getätigten Innovationen durch einen entsprechenden Markterfolg wieder erwirtschaften. Als verantwortungsvoller Produzent legt er viel Wert auf Sicherheit … Regelmäßige Kontrollen und Gewährleistung sind für ihn selbstverständlich. Der Plagiator ist hingegen auf schnellen Profit aus … Kostenintensive Sicherheitskontrollen könnten den Gewinn des Nachahmers schmälern und stehen so in Diskrepanz zu seinen Zielen.«

Je länger die Exponate in dieser Sonderausstellung auf mich wirken, desto mehr fühle ich mich wie in der Asservatenkammer eines Polizeireviers oder eines Gerichtsgebäudes. »Bleihaltig«, bemerkt meine Begleiterin von der Museumsverwaltung trocken, als sie auf die Armaturen eines gefälschten Badezimmers weist. »Toxische Rückstände«, meint sie zu einem Ensemble von Textilien.

Von den gesundheitlichen Folgen kündet ein Plakat, das einen jungen Mann mit einem von krankhaften Rötungen übersäten Körper zeigt. Dazu heißt es: »Sein T-Shirt war gefälscht. Echt ist nur der Termin beim Hautarzt.« Auf einem anderen Plakat posiert ein heulender Knabe mit seinem zerzausten Lieblingsspielzeug. »Sein Teddy ist gefälscht«, erläutert der Begleittext. »Echt sind nur die ätzenden Fasern.« Der glatte Durchbruch eines Autos durch die Leitplanke einer Küsten-Serpentine wird so kommentiert: »Die Bremsscheiben waren gefälscht. Echt sind nur die 13 Knochenbrüche.«

Die größte Attraktion geht in der China-Abteilung ganz offensichtlich von einem vor Kraft strotzenden Motorrad der Marke »Mad Ass« aus. Ingenieure der »Fahrzeug Motorentechnik« in Nürnberg haben es konstruiert. Chinesische Kollegen haben es nachgebaut. »Die Ölwanne fehlt«, bemängelt meine Begleiterin. »Und die Griffe sind krebserregend«, fügt sie hinzu. In Polen sei dieses Produkt aufgespürt worden. Dorthin hätten es die Chinesen gezielt exportiert.

»Warum gerade nach Polen?«

»Weil es dort keinen TÜV gibt. Die Fälscher kennen solche Lücken ganz genau.«

Das gilt offensichtlich auch für die Marktlücken. Die wichtigste Zielgruppe für Fakes von Uhren, Textilien, Taschen, Schuhen oder Computern ist die junge Generation – die östliche wie die westliche. »In diesem Kreis«, weiß die Expertin vom Museum aus ihrem eigenen Umfeld, »zählt doch nur noch eins: das Äußere. Ob das Produkt echt ist, spielt keine Rolle. Hauptsache, die richtige Marke steht drauf.« In einer Mitteilung der »Aktion Plagiarius« heißt es: »In Bezug auf Produkt- und Markenpiraterie ist seitens der Verbraucher leider häufig ein mangelndes Unrechtsbewusstsein und Gleichgültigkeit festzustellen. Ursachen hierfür könnten eine stark verbreitete Schnäppchenjäger-Mentalität sein, aber auch Unkenntnis in Bezug auf den zeitlichen, inhaltlichen und finanziellen Aufwand, der für die Entwicklung eines neuartigen Qualitätsprodukts notwendig ist.«

Noch glaubwürdiger würden solche Klagen klingen, wenn sie, statt mit altruistischem Unterton ausschließlich auf das Wohl des Verbrauchers und der Mitarbeiter abzuheben, auch auf ein ebenso zentrales wie legitimes Ziel unternehmerischen Strebens hinwiesen: das Erwirtschaften von Gewinn, der durch die Plagiate minimiert wird. Eintragungen im Gästebuch des Museums dokumentieren allerdings, dass die Botschaften der durch Plagiate schwer geschädigten Industrie auch ohne diesen Fingerzeig rüberkommen.

»Mit solchem Mist«, heißt es zum Beispiel, »spart man seit Ewigkeiten am falschen Ende.« Und: »Uns wurden die Augen geöffnet – wir werden bewusster einkaufen!« Oder: »Erschreckend! Unglaublich! Dreist!« Oder: »Das einzige Museum, in das man neugierig und erwartungsvoll hineingeht – und empört wieder hinaus!« Ein Besucher verabschiedet sich mit einem sarkastischen Wortspiel: »Hoffentlich bis bald – vielleicht bei einer Caco Calo?«[1]

Ein älterer Herr, der eine Gruppe von Bekannten durch die Ausstellung begleitet, hat offenbar bemerkt, dass ich mir Notizen mache, also über meine Eindrücke einen Bericht schreiben werde. Ich spüre, dass er darauf brennt, mir etwas Wichtiges mitzuteilen, er sich aber nicht dazu durchringen kann, mich anzusprechen. Ich nehme ihm durch einen vertrauensbildenden Blick die Scheu, und er stellt sich mir als ehemaliger Inhaber eines Geschäftes für Damenoberbekleidung vor. Als Pensionär berate er in Schwierigkeiten geratene Unternehmen, und in dieser Funktion sei ihm klargeworden, wie sehr auch Solinger Unternehmen unter der Fälschung ihrer hochwertigen Ware litten. Dann, endlich, diktiert er mir nicht ohne pädagogisches Pathos seine Lösung in den Block: »Man muss den Chinesen immer einen Schritt voraus sein!«

Der große Steuermann Mao Tse-tung setzte einst auf das

Prinzip der permanenten Revolution. Nur durch allgegenwärtige Wachsamkeit im täglichen Klassenkampf, so seine Überzeugung, ließen sich Bürokratie, Korruption und Phlegma überwinden. Allerdings stellte er das politische Bewusstsein über das fachliche Wissen. Und damit lenkte er sein Land schnurstracks an den ökonomischen Abgrund. Auch der Pensionär aus Solingen, dessen wirtschaftlicher Radius sich stets auf das Bergische Land beschränkte, erweist sich mit seinem Rat an die deutsche Industrie als Verfechter einer kontinuierlichen Anstrengung – der permanenten Innovation. Und tatsächlich kommt ihr bei dem Clinch zwischen dem Exportweltmeister Deutschland und dem Fälscherweltmeister China eine Schlüsselfunktion zu. »Innovation vs. Imitation« – so lautet denn auch das kämpferische Motto dieses ungewöhnlichen Museums.

17.

»Dompteure, die einen wilden Tiger reiten müssen«

Die Grenzen des Geistes

Im Fußball, behauptet der argentinische Meistertrainer César Luis Menotti, offenbart sich der Charakter einer Nation. So gewagt diese These in ihrer Absolutheit auch klingen mag – Menottis aus Koblenz stammender Kollege Rudi Gutendorf wird sie bestätigen. Ihr müsst eure Position auch mal verlassen und nach vorn preschen, trichtert er, als er das chinesische Nationalteam betreut, seinen Verteidigern ein. Sie tun es nicht. Du solltest hin und wieder etwas wagen und Pässe über sechzig, siebzig Meter schlagen, bedrängt er seinen Regisseur im Mittelfeld. Doch der verharrt im Kurzpassspiel.

In verworrenen Situationen blicken die Kicker hilflos zu ihrem Coach, statt selbst die Initiative zu ergreifen. Die für den Erfolg dringend notwendige Kommunikation zwischen den einzelnen Mannschaftsteilen beschränkt sich auf ein paar unverbindliche, bisweilen sogar widerwillig anmutende Gesten. Die Folge: Das Riesenreich mit seinen 1,3 Milliarden Einwohnern und seinen unterschiedlichsten Temperamenten hat es bis heute trotz größter Anstrengungen nicht geschafft, im Massensport Nummer eins eine Weltmacht zu werden.

Ein Mangel an Flexibilität, Eigeninitiative, Selbstverantwortung und Transparenz kennzeichnet, so viel steht fest, auch noch immer die industrielle Produktion in China. Durch ihre Öffnung zum Markt hat die nach dem Desaster des Maoismus am Punkt null beginnende Wirtschaft zwar eine enorme Dynamik entwickelt – aber eben nur bis zu einer bestimmten Grenze. Sie wird gezogen durch die starren Konventionen, die zum Wesen des Konfuzianismus gehören, und die Kontrollmechanismen, die Chinas KP aus Gründen des Machterhalts auch zu Zeiten ökonomischer Liberalisierung nicht lockert. Subtile Innovation, die im globalen Konkurrenzkampf auf längere Sicht den entscheidenden Vorteil sichern dürfte, gedeiht aber erst jenseits dieser mentalen Mauer – in jenem Freiraum, in dem Forschung und Lehre, unternehmerische Initiative und Ingenieurskunst sich relativ frei entfalten können, und der die Diskussion wie den interdisziplinären Austausch, die Reflexion wie den Widerspruch begünstigt, die Elixiere des nicht auf die Technokratie beschränkten Fortschritts.

Erst wenn die Wolken sich aneinander reiben, so lernt man schon im Physikunterricht, entsteht die Elektrizität, die zum Gewitter führt. Ähnlich verhält es sich mit den Geistesblitzen. »Natürlich prallen bei unseren Brainstormings«, berichtet die Rechtsanwältin und China-Expertin Sabine Stricker-Kellerer, »die unterschiedlichsten Meinungen aufeinander. Aber am Ende haben wir immer ein brauchbares Ergebnis.«

Insofern setzt sich der Staatsrat in Peking, der in der Volksrepublik die Regierungsgeschäfte betreibt, quasi die Quadratur des Kreises zum Ziel, als er 2006 verkündet: »Unsere heilige Mission ist der Aufbau einer innovativen Nation.« Voraussetzung wäre eine bis tief in die Betriebsstrukturen reichende Demokratisierung, wie sie, wenn auch von Land zu Land in unterschiedlicher Ausprägung und nirgendwo auf ideale Weise, der Westen bevorzugt.

Da eine auf die alleinige Wahrheit pochende Partei aber nichts mehr fürchtet als dieses Modell, kann sie dessen innovativen Vorsprung nur halbwegs ausgleichen, indem sie, in frappierender Logik, den Diebstahl hochwertiger Technologie fördert. Klauen die Chinesen sie nicht, dann sind sie es, die in der Falle sitzen. Als sie Anfang 2009 inmitten der globalen Rezession mit einem Budget von elf Milliarden Euro in der Bundesrepublik auf Einkaufstour gehen, stößt dies bei den Unternehmen, die davon zunächst profitieren, keineswegs nur auf Euphorie. »Man muss aufpassen, dass man in der Krise nicht etwas billig weggibt, das man später bereut«, kommentiert der China-Sprecher des Asien-Pazifik-Ausschusses der deutschen Wirtschaft, der Unternehmer Jürgen Haraeus, den Deal. Und mit einer für diese Institution ungewohnten Deutlichkeit fügt er hinzu: »Vorschnell Preise zu senken oder Technologie aus der Hand zu geben, könnte Existenzen gefährden statt sie zu retten.«[1]

An »Dompteure, die einen wilden Tiger reiten müssen«, erinnern die »neun Technokraten« des Staatsrates in Peking das Nachrichtenmagazin DER SPIEGEL. Der Ludwigshafener Sinologe Jörg-M. Rudolph spricht angesichts der Diskrepanz zwischen den vollmundig verkündeten Zielen und den durch kulturelle und politische Zwänge eingeschränkten Möglichkeiten von »vormodernen Machthabern, die mit der Moderne hantieren«.

Die Phantasie, ohne die der Sprung in die Sphäre der Avantgarde und der Spitzentechnologie nicht möglich ist, stößt in China schon in der Schule auf enge Grenzen. »Es ist«, urteilt der Autor Wolfgang Hirn, »ein sehr hierarchisches System, das blinden Gehorsam honoriert, Obrigkeitsdenken fördert und Prüfungen einen hohen Stellenwert einräumt. Es erzieht die Schüler dazu, große Mengen von Texten auswendig zu lernen, ohne dass sie dies reflektieren müssen.« Der amerikanische Pädagoge Kevin Crottchet, der einige Zeit an einer Mittelschule im südostchinesischen Suzhou unterrichtete, sagt über seine ehemaligen Schüler: »Sie sind phänomenal in Naturwissenschaften und Mathematik, aber sie sind nicht fähig zu diskutieren.«[2]

Die Wochenzeitung *DIE ZEIT* zitiert einen chinesischen Lehrer, der den westlichen Analytikern auf der ganzen Linie recht gibt. »Unser Prüfungssystem verhindert Kreativität«, klagt Li Tayang in dem Interview. Und er fragt: »Warum werden in China vorwiegend deutsche Autos gebaut?« Die Antwort liefert er selbst: »Wegen unseres Mangels an Kreativität.«[3] Dass chinesische Produzenten beim Diebstahl geistigen Eigentums ein Höchstmass an Kreativität an den Tag legen, dürfte für diesen Pädagogen, da er ja unter der Gängelung des Geistes leidet, kein Trost sein.

Das Elternhaus bietet den Kindern in der Regel keine Entlastung. Dort sind sie, wie der Wissenschaftler Jörg-M. Rudolph in China beobachtete, sogar »Sklaven ihrer Väter und Mütter«. An der Universität setze sich das »die Innovation hemmende Prinzip Bevormundung« fort. Außerdem führe »das ständige Bloßstellen vor den anderen« zu schweren psychischen Verwerfungen. Auf die Folgen der Ein-Kind-Politik verweist die Juristin Sabine Stricker-Kellerer, die Chinas Entwicklung seit einigen Jahrzehnten beobachtet. »Die Einzelkinder sind zumeist verzogen, haben bisher nur Wachstum erlebt und kennen keine Kultur des Diskurses.«

Die Hamburger Psychoanalytikerin und Therapeutin Antje Haag hat seit 2001 in regelmäßigen Abständen, insgesamt waren es sieben Monate, in einem Shanghaier Therapiezentrum gearbeitet und somit exklusive Einblicke in eine Institution gewonnen, in der sich die Kehrseite des Booms offenbart. Ihr Erfahrungsbericht vermittelt ein Bild von den Deformationen derer, die dem Druck, der von allen Seiten auf sie ausgeübt wird, nicht standhalten und statt einen Platz hinter der Glitzerfassade der Bürotürme zu ergattern und ihre innere Leere durch Konsum zu kompensieren, in den Auffangstationen des Versagens landen. Auszüge aus ihrem bemerkenswerten Report dokumentieren, dass einige der chinesischen Therapeuten im Grunde selbst einer Therapie bedürften:

»Ein 1981 geborener Arzt – sein offensichtlich program-
matischer Name bedeutet übersetzt ›viel Geld‹ – berichtet,
dass er von seinen Eltern als ältester Sohn dazu angehalten
wird, ständig zu lernen. Wie er sagt, wollten die Eltern, dass
er berühmt würde. Er muss sich nicht einmal an den täglichen Haushaltspflichten beteiligen. Ansonsten kümmern
sich die Eltern nicht, er sei nie umarmt worden, nur von seiner Großmutter, die ihn allen anderen Enkeln vorzieht, habe
er ein Lächeln bekommen ... Das Resultat ist für die Eltern
gut, er ist während seiner gesamten Schulzeit Primus, entwickelt aber schon als Jugendlicher einen Waschzwang und
schwere Hypochondrie. Die Eltern gehen mit ihm wiederholt ins Krankenhaus, es wird nie eine körperliche Krankheit
gefunden, und er bekommt Schelte. Trotz seiner Probleme
besucht er eine der ersten Universitäten des Landes. Seinem
jüngeren Bruder wird er immer als leuchtendes Vorbild vor-
gehalten. Dieser verweigert sich kurz vor der Oberschule,
wird psychiatrisch hospitalisiert. Er ist der Versager. In der
Zeit, als ich mit dem Bruder spreche, Mitte November, er-
tränkt sich der Bruder.

Im Unterricht fiel mir häufiger auf, dass auch komplexere
Themen wenig Fragen auslösten, es zu einer Pseudo-Zu-
stimmung kam, weil niemand sich die Blöße einer Frage geben – oder das Gesicht verlieren wollte. Als ich einmal in einer Diskussion bemerkte, dass ich den Fall nicht verstanden
hätte, kam hinterher eine Kollegin zu mir und meinte, dass
ein solches Geständnis für Chinesen undenkbar wäre und sie
meinen Mut bewundere.

Auf meine Frage nach einer Förderung von Kindern, die
keine hohen ›Scores‹ haben, z. B. durch die Lehrer, wurde
ich mitleidig angelächelt. Kinder mit weniger guten Leistungen werden als minderwertig angesehen und haben auch
kaum Chancen. So ist es nicht verwunderlich, dass 30 bis 40
Prozent der Jugendlichen der psychiatrisch-therapeutischen

Ambulanz Schulverweigerer sind. Die hohe Suizidrate von Studenten ist inzwischen zu einem Politikum geworden. Es gibt jetzt immer mehr sogenannte Hotlines für suizidgefährdete Studenten, die aber viel zu wenig genutzt werden.

Ein von mir interviewter, stationär aufgenommener 24-jähriger Student, der trotz guter Leistungen sein Studium aufgegeben hat, antwortet auf meine Frage nach seinem Problem, er habe einen zu hohen IQ (Intelligenzquotienten), aber einen zu niedrigen EQ (Emotionsquotienten), weshalb er keine Beziehungen zu anderen halten könne. Er habe sein Leben jetzt aufgegeben.

Die in der Kindheit erfahrene Lieblosigkeit hat mich oft tief erschüttert. Ich hatte oft den Eindruck, dass die Kinder mehr funktionalisiert als geliebt würden: einer Kollegin wurde von der Mutter mitgeteilt, dass sie ihre Existenz ausschließlich der Tatsache zu verdanken hätte, dass die ältere Schwester behindert war und sich nicht so tatkräftig um die Eltern im Alter würde kümmern können. Zwei Patientinnen wurden mir vorgestellt, die noch in der Pubertät das Ehebett mit den Müttern teilten, die sich vor der Sexualität der Männer schützten.«

»Hat man als 30-Jähriger noch keinen Ehepartner gefunden, so wird man als ›strange‹ angesehen. Es gibt einen lebendigen Heiratsmarkt, auch in Shanghai. Sonnabends versammeln sich die Eltern unverheirateter Kinder im Volkspark, im Zentrum der Stadt, und versuchen, ihre Kinder zu verkuppeln. Manche tragen Schilder mit Fotos und ›Eckdaten‹ wie Ausbildung (›Scores‹), Verdienst, körperliche Vorzüge oder Nachteile, Vorlieben etc. mit sich, um das passende Gegenstück zu finden. Ich selbst bin in Gegenwart einer chinesischen Freundin angesprochen worden, ob ich nicht einen Sohn anzubieten hätte.«[4] Das Bemerkenswerte: Nicht in irgendeinem abgelegenen Bergdorf stößt die Hamburgerin auf Verhältnisse, die den Menschen auf seinen Gebrauchswert reduzieren und damit zur Ware degradieren, sondern im Herzen der als besonders modern geltenden Metropole Shanghai. Mir selbst wird das Ausmaß der Mitleidlosigkeit, das solchen Szenarien ja auch innewohnt, im Oktober 2004 mitten in der Hauptstadt Peking vor Augen geführt. Freunde, die wir schon aus unserer Zeit als Korrespondenten kennen, haben uns Karten für die Fernsehaufzeichnung der chinesischen Version der ZDF-Show »Wetten, dass ...« besorgt. Um die Pausen zwischen den einzelnen Wettbewerben unterhaltsam zu überbrücken, hat sich die Regie einen besonderen Gag ausgedacht: Verkehrsunfälle, die eine an einer belebten Kreuzung installierte Kamera aufgezeichnet hat, wurden zu einer flotten Montage zusammengeschnitten. Zur Gaudi der Zuschauer wird sie in die Sendung eingespielt. Ein Lastwagen nimmt einen Radfahrer auf die Kühlerhaube und katapultiert ihn in die Luft – Heiterkeit braust auf. Ein Personenwagen überrollt einen Fußgänger – die Studiokamera schwenkt auf klatschendes Publikum.

Als ich diese Szenen noch einmal Revue passieren lasse, begreife ich, was die Psychoanalytikerin meint, wenn sie in ihrem Report ihr »Entsetzen über inhumane Begebenheiten« hervorhebt und »Eindrücke, die ich, 1940 geboren, aus unserer postnationalsozialistischen Epoche wiedererkannte, und die in mir gleichsam in negativer Identifikation schwierige Erinnerungen wachriefen«. Auch die innere Zerrissenheit, die in dem Bericht immer wieder aufscheint, kann ich gut nachvollziehen.

In ihrem Bestreben, ihre Gastgeber nicht ungerecht zu behandeln, diagnostiziert die Autorin bei sich »Selbstbefangenheit« und »westliche Arroganz«. Immer wieder bettet sie ihre Irritation und Kritik in die Watte des Wohlwollens. »Blauäugige Menschen«, schreibt sie, »starren in Glückspose von den Reklamewänden in das chinesische Verkehrschaos. Sie blicken auf missmutig wirkende Menschenmassen, die ungemein unwissend und unsicher auf Fremde wie mich reagieren, mit sich selbst aber auch bemerkenswert ruppig umgehen. Die liebevolle Aufmerksamkeit, die mir in der Klinik zuteil wird, kontrastiert mit der Unhöflichkeit, die mir in Bussen, U-Bahnen und Läden begegnet. Für mich sehen die Menschen auf den Straßen nicht glücklich aus, viele wirken vorgealtert und stumpf.« Am Ende ergibt sich die Therapeutin – nicht triumphierend, sondern trauernd – dem Resultat ihrer Erfahrungen und Reflexionen: »Ich würde sagen, dass China trotz – oder vielleicht auch wegen – seines gewaltigen ökonomischen Aufschwungs eine kranke Gesellschaft ist.«

Dass die Psyche überhaupt als fragiler Bestandteil der menschlichen Existenz begriffen wird, ist sogar als Fortschritt zu werten in einer Gesellschaft, in der bis vor wenigen Jahrzehnten die Glücksverheißung des Sozialismus den Zweifel als Ausgeburt bürgerlicher Dekadenz diffamierte und die nun innerhalb kürzester Zeit gleich mehrere schwerwiegende Zäsuren zu verkraften hat. Sie muss sich umstellen vom Plan auf den Markt, von der Abschottung auf die Öffnung, vom revolutionären Bewusstsein auf die Leistung und, nicht zu vergessen, vom Prinzip der Großfamilie auf die Ein-Kind-Politik.

18.

»Taktik: ja – Verrat: nein«

Die Grenzen der Anpassung

Eine Gesellschaft trotz immer wieder aufblitzender persönlicher Betroffenheit mit Distanz zu betrachten und ihre Verformungen auch in einen kulturellen, politischen und ökonomischen Kontext zu stellen, gehört bei Psychologen wie Journalisten, sofern sie ihr kritisches Bewusstsein nicht auf dem Altar der Affirmation geopfert haben, zum Handwerk. Sie können sich diese Haltung, da sie am Ende ihrer Mission ja keinen materiellen Gewinn vorweisen müssen, auch leisten.

Ich habe dies stets als Privileg gegenüber Kaufleuten und Investoren begriffen und deswegen auch immer ein gewisses Verständnis für ihre abwartende, oft auch indifferente Position aufgebracht und für ihre Neigung, Klagelieder erst dann anzustimmen, wenn sie, siehe Produkt-Piraterie, selbst unter der allgemein zu beobachtenden Rücksichtslosigkeit leiden. Wenn sie sich allerdings doch einmal konkret zu den Zuständen in der Volksrepublik äußern, dann müssen sie es sich gefallen lassen, dass man ihre Kommentare an der gesellschaftlichen Realität misst. Das gilt insbesondere für jene Fraktion, die im diktatorischen Gebaren der chinesischen KP auch Vorteile entdeckt.

»Dort wird in Sekunden entschieden, worüber in Deutschland drei Wochen diskutiert wird«, schwärmt zum Beispiel der Manager Ulrich Schumacher, Ex-Chef des Chipherstellers Infineon.[1] Der Journalist Kai Strittmatter bestätigt diese in den Hotelbars der Volksrepublik häufig zu hörende Einschätzung, versteht seinen Kommentar allerdings als Kritik an den Praktiken der selbstherrlichen Kader. »Sie brauchen die Bauern nicht zu fragen, ob sie in der nächsten Woche ihr Haus einreißen dürfen. Sie tun es einfach.« Als Korrespondent der *Süddeutschen Zeitung* beobachtet der Kollege Anfang 2003 die Jungfernfahrt des mit deutscher Spitzentechnologie ausgestatteten Transrapid durch die Millionenstadt Shanghai. In Deutschland, so zitiert er in seinem Bericht einen Repräsentanten der Firma Siemens, »hätte man jetzt gerade mal den Umsiedlungsplan für die Amseln fertig«. Der Reporter notiert auch die süffisante Korrektur durch einen Politiker: »… der Feldhamster«.[2]

Wie weit solche Häme an der Realität vorbeizielt, belegt Strittmatters *SZ*-Kollege Gerhard Matzig fünfeinhalb Jahre später in einem Artikel über den Bau-Boom vor den Olympischen Sommerspielen in Peking. Zunächst zitiert der diplomierte Ingenieur und Architektur-Experte den deutschen Manager Gerhard Starzetz, der für einen chinesischen Konzern das Vergnügungs- und Wohnareal »Hotspring Leisure City« vermarktet. »Ein solches Vorhaben«, behauptet er, »wäre in Europa undenkbar – aber hier geht alles schnell und ohne große Diskussion.«[3]

Nachdem er sich auch jenseits solcher Prestigeprojekte umgesehen hat, kommt der Autor zu dem Schluss: »Abseits der neuen und fotogenen Spektakelbauten lädt Peking kaum zum Staunen ein. Überall entstehen mit minderwertigen Baustoffen und oft unter unmenschlichen Arbeitsbedingungen Bauten, die ohne Rücksicht auf Umwelt oder Ästhetik das traurigste Kapitel der Moderne repräsentieren: das egozentrische, lediglich der Ökonomie dienende Bauen, das ohne Rücksicht auf Verluste realisiert wird. So entstehen dort, wo in Peking keine Kameras zu erwarten sind, Häuser, die schon nach wenigen Jahren wie faulende Zahnstummel im Gesicht der Stadt herumstehen werden. Energieeffizienz ist an solchen Orten ebenso ein Fremdwort wie die Qualität öffentlicher Räume. Wer kann, der wird sich in einigen Jahren, wenn die Spiele längst weitergezogen sind, in bewaffnete Gehege wie die Leisure City zurückziehen. Alle anderen werden Peking dann eher ertragen als bestaunen.«[4]

Und im Zusammenhang mit dem global bestaunten neuen Olympia-Stadion arbeitet der Journalist den entscheidenden Unterschied zwischen zwei Geisteshaltungen heraus: »Die Architekten, die nun davon schwärmen, dass Projekte wie das Vogelnest unter demokratischen Verhältnissen kaum entstehen können, vergessen, dass die westlichen, gelegentlich enervierenden und bürokratisch aufgeblähten Bauleitverfahren einen menschenfreundlichen Anspruch haben. Auf sicher mühsame, zeitraubende Weise wird das Bauen zum partizipatorischen Unternehmen. Häuser und Städte entstehen auf diese Weise meist im Konsens und im Bemühen um Nachhaltigkeit. Sie werden in der Regel nicht errichtet, um in wenigen Jahren schon wieder abgerissen zu werden.«[5]

Das heißt: Wer die Entscheidungsfreude von Diktaturen preist, diskreditiert gleichzeitig die auf dem Fundament der Aufklärung erkämpften und gewachsenen Errungenschaften des Westens. Und er verkennt, praktischer gesprochen, dass der skrupellose Diebstahl seines geistigen Eigentums eng mit der rücksichtslosen Durchsetzung ökonomischer Ziele verknüpft ist.

Vor diesem Hintergrund wiegt ein Essay umso schwerer, den das in Hongkong erscheinende Magazin *Far Eastern Economic Review* im April 2007 unter der Überschrift »Im Bett mit der Mafia« publiziert. Frontal angegriffen werden darin in China tätige westliche Wissenschaftler, die sich, obwohl sie nicht unter dem Diktat des Profits stehen, opportunistisch gegenüber dem Regime verhalten. Der Verfasser, der in Hongkong lebende Sozialwissenschaftler Carsten A. Holz, geht in dieser kritischen Betrachtung auch mit sich selbst ins Gericht:

»Wissenschaftler, die sich mit China befassen – und zu ihnen gehört auch der Autor –, sind ständig bemüht, es der Kommunistischen Partei ... recht zu machen; das geschieht manchmal bewusst und oft unbewusst. Wir werden dazu motiviert, uns anzupassen, und wir tun das in mehrfacher Hinsicht: durch die Forschungsfragen, die wir stellen oder nicht stellen, durch die Fakten, über die wir berichten oder die wir ignorieren, durch unseren Sprachgebrauch und durch die Art unserer Lehrtätigkeit ... China ist ziemlich einmalig darin, dass die Wissenschaftler in eine einzige Richtung hin motiviert werden: Man verärgert die Partei nicht.«[6]

Erhebliche Zweifel hat der Autor an der Aussagekraft von Forschungen, die auf chinesischem Terrain angestellt werden: »Ein lokales Parteikomitee half mir einmal, indem man mir einen Wagen, einen Parteikader und einen lokalen Regierungsbeamten zur Verfügung stellte. Sie führten mich zu Wirtschaftsmanagern, die vermutlich alle die richtigen Antworten gaben. Die Gastgeber waren ausnahmslos sehr hilfsbereit, aber ich arbeitete schließlich genau innerhalb der vorgegebenen Muster, in denen sie dachten und agierten ... Die Qualität der veröffentlichten Statistiken ist höchst fragwürdig ... Was veröffentlicht wird, ist eher Propaganda.«[7]

Auch westliche Studenten, so der Kritiker, stehen in der Volksrepublik nach wie vor unter strikter Beobachtung. »Innerhalb Chinas gehören Beamte des Amtes für öffentliche Sicherheit zum Personal der Studentenwohnheime für Ausländer; sie überwachen die ausländischen Studenten und legen für jeden eine Akte an ... Telefongespräche werden abgehört, wenn nicht sogar systematisch gespeichert. E-Mails werden gefiltert und manchmal nicht zugestellt.«[8]

Die Juristin Sabine Stricker-Kellerer, meine alte Bekannte aus Pekinger Tagen, gehört zu dem Flügel der in China tätigen deutschen Repräsentanten, die sich der mühsam errungenen Werte ihrer Gesellschaft bewusst sind und sich in Konfliktsituationen auch zu ihnen bekennen. »Neulich«, berichtet sie, »war ich bei einer Managertagung in München. Am Schluss fragte der Leiter in die Runde, was die Bundesrepublik benötige, um in Zukunft gegen die internationale Konkurrenz bestehen zu können. Als einer der Teilnehmer ›weniger Demokratie‹ antwortete, habe ich sofort dagegengehalten.« Für sie, fügt die Rechtsanwältin hinzu, sei es »selbstverständlich, anderen Kulturen respektvoll zu begegnen. Aber das darf nicht mit einem Verleugnen der eigenen Werte verbunden sein. Taktik: ja – Verrat: nein. Immer wieder hört man, man müsse Demut gegenüber China zeigen. Das ist natürlich Unsinn.«

Dabei kann man auf das moralische Argument durchaus verzichten, will man die Apologeten des fernöstlichen Rambo-Kapitalismus widerlegen. Die Balance, die sich aus der demokratischen Kontrolle politischer und ökonomischer Entscheidungen ergibt, erweist sich, wie fundierte Expertisen gar nicht einmal überraschend belegen, langfristig auch volks- und betriebswirtschaftlich als tragfähiger. Neben der permanenten, die Grenze des Konventionellen überschreitenden Innovation garantiert sie nämlich einen zweiten existentiell wichtigen Vorteil: eine weit über den unternehmerischen Schnellschuss hinausreichende Qualität.

Die Eröffnung eines Plagiatsmuseums, die Präsentation imitierter Ware auf deutschen Flughäfen sowie diverse publizistische Initiativen sind nicht die einzigen Belege dafür, dass das Vertrauen in die eigene Stärke bei deutschen Unternehmern an Boden gewinnt. Am radikalsten reagieren Betriebe, die sich, eben weil ihre Partner die Qualitätsstandards nicht einhalten, ganz von ihrem China-Engagement zurückziehen.

Ein Paradebeispiel für diese konsequente Haltung ist der traditionsreiche Stofftierhersteller Steiff in dem baden-württembergischen Giengen an der Brenz.

»Für Premienprodukte ist China einfach nicht kalkulierbar«, begründet Firmenchef Martin Frechen im Sommer 2008 in einem Interview mit den *Stuttgarter Nachrichten* seine Entscheidung. Um einen hohen Standard zu gewährleisten, seien sogar mehrere hundert Mitarbeiter aus Deutschland nach China geschickt worden. Aber auch die intensive Einarbeitung der lokalen Kräfte habe die Qualität der Teddys, deren Produktion komplizierte Schnitte erfordere, ebenso wenig verbessern können wie penible Materialkontrollen. Ein anderer wichtiger Grund für den Rückzug seien die Skandale um gesundheitsgefährdendes Spielzeug aus China gewesen. »Wir sind in der glücklichen Lage«, fügt der Manager hinzu, »dass unsere Kunden für einen Steiff-Teddy gern ein paar Euro mehr bezahlen als für ein Kuscheltier der Konkurrenz.«[9] Der Präsident des Vereins deutscher Ingenieure (VDI), Bruno Braun, resümiert im Frühjahr 2008: »Was wir erleben, ist eine Renaissance des Standorts Deutschland.«[10]

Bei der in Erbach im Odenwald beheimateten Firma Koziol, die Gegenstände des täglichen Gebrauchs wie Spülbürsten, Schuhanzieher oder Salzstreuer durch pfiffiges Design veredelt, gehört es zur Unternehmenspolitik, gar nicht erst in Billiglohnländern zu produzieren. Das Gütesiegel »Made in Germany« ist auf dem Titel des aktuellen Katalogs sogar größer gehalten als das eigene Logo. Das schützt das Unternehmen zwar nicht vor Innovationsklau, doch baut der Inhaber Stephan Koziol unverdrossen auf seinen unternehmerischen Mut: »Dem Trend voraus sein und am Abgrund immer einen Schritt weitergehen, in der Hoffnung, dass der Boden nachwächst.«[11]

Während in China häufig noch immer das Kästchendenken eine Trennungslinie zwischen den Abteilungen und Zuständigkeiten zieht, baut diese Firma konsequent auf Transparenz und, wie sich ihr Inhaber ausdrückt, auf »Wissensarbeit«. Sie entfaltet sich in den regelmäßigen interdisziplinären Konferenzen und folgt einer gleichermaßen auf Identifikation und Kreativität bauenden Leistungsphilosophie. »Wenn man schon, verglichen mit China, den hundertfachen Lohn bezahlt«, so Stephan Koziol, »dann doch bitte für das Nachdenken.«[12]

Anfang 2009 profitiert der für seine innovatorische Fähigkeiten bekannte Betrieb von dem psychologischen Druck, der mittlerweile von den Abwehrinitiativen der deutschen Industrie ausgeht. Die »Aktion Plagiarius« hat, so der Ausgangspunkt der Geschichte, eine Firma aus Hongkong für einen ihrer Negativpreise nominiert, weil sie die elegant geformte Gießkanne »Elise« kopierte. »Der deutsche Händler«, heißt es in einer Mitteilung der Aktion, »hat sich noch vor der Jurysitzung mit Koziol geeinigt, das heißt, er hat die Plagiate vom Markt genommen und den chinesischen Lieferanten genannt.«[13]

Im Februar 2009 interviewt das *Hamburger Abendblatt* den Besitzer des schwäbischen Textilunternehmens Trigema, Wolfgang Grupp. Eine der Fragen lautet: »Sie produzieren ausschließlich in Deutschland. Ist dies kein Wettbewerbsnachteil?« Die Antwort: »Das ist für mich ein Vorteil, weil die Verbraucher das honorieren. Wer ins Ausland geht und auf Massenproduktion setzt, hat schnell weitere Anbieter aus Billiglohnländern als Konkurrenten. Und die sind im Preis oft noch günstiger. Ein vermeintlicher Wettbewerbsvorteil kann so zum Nachteil werden.« Und er sagt auch: »Wir versuchen seit langem auf Flexibilität und Qualität zu setzen und in dieser Nische zu wachsen. Bedarf kann man nur mit innovativen Produkten wecken und nicht mit einer Massenproduktion.«[14]

Von einer ähnlichen Philosophie lässt sich der Thyssen

Krupp-Chef Ekkehard Schulz, einer der wichtigsten Wirtschaftsführer der Bundesrepublik, leiten. In einem *SPIEGEL*-Gespräch betont er, dass sich sein Unternehmen »aus dem Geschäft mit Massenstählen einfacher Qualität nahezu völlig zurückgezogen« habe und sich nun auf »Spezialstähle« konzentriere. Auf den Hinweis der Journalisten, dass auch die asiatische Konkurrenz versuchen werde, in diese Marktlücke zu stoßen, erklärt er selbstbewusst: »Das kann ich nicht ausschließen, aber es wird lange dauern. Wir haben hier einen großen Vorteil am Standort Deutschland. Die Weiterentwicklung neuer Stahlsorten geht nur in enger Zusammenarbeit mit den Kunden. Viele sitzen hier vor Ort, die Maschinenbauer, die Autoindustrie. Mit denen zusammen haben wir beispielsweise immer bessere Stahlqualitäten entwickelt.«[15] Mit anderen Worten: Die nationale Kooperation unter technisch hochentwickelten Partnern ist der Idealzustand und asiatischen Abenteuern vorzuziehen.

Auch im Bereich der Dienstleistungen, einem anderen deutschen Spitzenprodukt, spricht es sich schnell herum, wie dicht der Markt in der Volksrepublik vermint ist. Als Chinas Beitritt zur Welthandelsorganisation internationalen Versicherungsgesellschaften den freien Zugang zu einem gigantischen Markt verheißt, setzt zunächst ein Run auf die scheinbare Lücke ein. Doch schnell müssen die Anbieter erkennen, dass die Chinesen die Implementierung der WTO-Bestimmungen bewusst so lange hinauszögern, bis einheimische Unternehmen das Feld abgegrast haben. Statt unter diesen Bedingungen Millionen zu verpulvern, verabschiedet sich der Kölner Gerling-Konzern, einer der größten Versicherer der Welt, schon 2003 von seinen Ambitionen. Die auf Unternehmensberatung spezialisierte Agentur Booz Allen Hamilton schätzt, dass etwa jeder dritte westliche Investor die Volksrepublik in den nächsten fünf bis zehn Jahren wieder verlassen wird.

Dass einige deutsche Firmen sich trotz äußerst geringer Erfolgsaussichten mit dieser Entscheidung schwertun, liegt nach Ansicht des Sinologen Jörg-M. Rudolph bisweilen an der privilegierten Existenz ihrer Repräsentanten. »Dienstwagen, Kindermädchen, Luxusappartment ... Wer darauf nicht verzichten will, neigt dazu, sich und seinen Vorgesetzten die Dinge schönzureden und das Ende des Engagements in China so lange wie möglich hinauszuzögern.«

Diese Einschätzung möchte ich durch eine persönliche Anmerkung ergänzen: Auch ich habe in meinem Studio selbst in Situationen Optimismus verbreitet, in denen mich die Arbeitsbedingungen in meiner Wahlheimat stark belasteten. Ich wollte meine deutschen und chinesischen Kollegen nicht mit dem Bazillus der Frustration oder gar des Defätismus infizieren und habe die damals allerdings noch stark eingeschränkten Privilegien als gerechten Ausgleich für meinen Stress und meine Enttäuschungen begriffen. Ähnlich wird es auch manchen Geschäftsleuten ergehen, bei denen Zuversicht, Verdrängung und Geduld ja zum beruflichen Rüstzeug gehören. Figuren, die ihre deutsche Zentrale bewusst hinters Licht führen, um nur nicht ihren sozialen Status einzubüßen, gab und gibt es allerdings durchaus.

Schon 1925 befasste sich Chinas hellsichtiger Dichter Lu Xun mit dem süßen Gift der Privilegien und zeigte für diejenigen, die seiner Verlockung erlagen, sogar ein gewisses Verständnis: »Ausländern, die China aus Unwissenheit loben, kann verziehen werden. Wenn Ausländer ausgehen, stehen ihnen Autos zur Verfügung, wenn sie unterwegs sind, werden sie eskortiert. Ganz zu schweigen von den üppigen Banketten, die man ihnen bereitet. Natürlich werden die Ausländer da China preisen.«[16] Hochachtung zollt dieser bedeutende Schriftsteller denen, die trotzdem einen klaren Kopf bewahren und moralischen Grundsätzen treu bleiben: »Wenn ein Ausländer, obwohl er zu einem Festmahl eingeladen ist, an unserer Stelle die Zustände in China verurteilt, dann ist dies ehrenwert und bewunderungswürdig.«[17]

Viele deutsche Unternehmen lassen sich achteinhalb Jahrzehnte später nur noch auf Partnerschaften ein, wenn die sensibleren Abläufe der Produktion unter ihrer Regie bleiben. Nach einer solchen Strategie verfährt zum Beispiel die auf das Design und die Planung von Polyesterfabriken spezialisierte Zimmer AG. »Das gesamte Engineering«, beharrt ihr für China zuständiger Manager Winfried Krämer, »muss von uns aus Frankfurt kommen.«[18] Der Hintergrund: Als man den fernöstlichen Partnern noch vertraute, beherrschten lokale Design-Institute, die das Know-how der hessischen Ingenieure einfach stahlen, innerhalb kurzer Zeit etwa die Hälfte des chinesischen Marktes. »Technologien, die man nur in Jahren entwickeln kann«, so Krämer, »bauen die Chinesen in zwölf Monaten nach.«[19]

Und noch ein anderer Trick bedroht das Werk der Frankfurter Konstrukteure. Nachbauten der Textilmaschinen exportieren die zu Piraten mutierten Partner auch in Länder wie Pakistan, Bangladesch, Thailand oder die Türkei – allesamt Staaten, in denen Klagen wegen der Verletzung geistigen Eigentums kaum Chancen haben. Fassungslosigkeit übermannt den Manager, nachdem seine Ingenieure jenseits der chinesischen Grenzen das Plagiat eines in Frankfurt entwickelten Polyester-Reaktors aufgespürt haben: »Die kennen keine Hemmungen. Wir haben so einen … Reaktor gründlich untersucht, sogar die Schweißnähte liegen exakt an derselben Stelle. Es gibt null Abweichungen.«[20]

Vor diesem Hintergrund ist es sinnvoll, sich wenigstens auf dem vergleichsweise geordneten Gebiet der Europäischen Union zu einer effizienteren Verfolgung der Produktpiraterie durchzuringen. So fordert der deutsche »Verband forschender Arzneimittelhersteller« die Einrichtung von Schwerpunkt-Staatsanwaltschaften nach dem Frankfurter Vorbild sowie »eine Strafverschärfung auch für das Herstellen und Vermarkten von Nahrungsergänzungsmitteln, die illegal mit Arzneimitteln versetzt werden«.[21] Ein besonderes Augenmerk sei in diesem Zusammenhang auf den Internet-Handel zu legen.

Zur Begründung ihrer Initiative zitiert die Organisation aus einem im Frühjahr 2008 publizierten Report des Bundesministeriums für Gesundheit: »Viele Untersuchungen zeigen, dass bei Bezug von Arzneimitteln aus internationalen Quellen im Internet Fälschungen eher die Regel als die Ausnahme sind ... Das Internet hat auf diesem Gebiet eine Plattform gegeben, auf der ebenso mobil wie weitgehend unangefochten von den nationalen Aufsichts- und Strafverfolgungsbehörden operiert werden kann.«[22]

Wie skrupellos chinesische Betrüger auch das Leben ihrer eigenen Landsleute aufs Spiel setzen, geht aus einem Bericht hervor, den die Deutsche Apothekerzeitung im Frühjahr 2008 veröffentlicht. 200 000 Menschen sterben demnach in der Volksrepublik jedes Jahr durch gefälschte Arzneimittel. Die Zeitschrift *Das neue China* berichtet, dass 2002 insgesamt 1300 illegale Pharmabetriebe wegen der Produktion von Scheinmedikamenten geschlossen wurden.[23]

So gravierend sind auf allen ökonomischen Feldern die durch Fälschungen verursachten Schäden, dass in Deutschland bereits eine eigene Industrie entstand, die in der Prophylaxe eine Marktlücke erkannte. Ihr Prinzip: die List überlisten. So bietet das auf Produkt- und Markenschutz spezialisierte Unternehmen »Copaco« seinen Kunden Verpackungsmerkmale an, die den Plagiatoren im Idealfall verborgen bleiben und so eine Kopie leichter aufspüren lassen. »Im Druckraster«, heißt es in einer Firmenbroschüre, »ist ein Motiv versteckt, das erst nach Auflegen und Drehen einer speziellen Folie sichtbar wird«. Auch für den Fall, dass die Fälscher ihre Frechheit auf die Spitze treiben, bauen die

Experten vor. »Da kein Sicherheitssystem«, heißt es in dem Prospekt, »dagegen gefeit ist, ebenfalls nachgeahmt, kopiert oder gefälscht zu werden, wird zum Erreichen wirkungsvoller Sicherheitskonzepte stets empfohlen, den Schutz durch das Verwenden mehrerer Sicherheitsmerkmale zu erhöhen und diese regelmäßig zu aktualisieren und zu ändern«.

Auch bei dem Herzogenauracher Autozulieferer Schaeffler fragen fernöstliche Geschäftspartner bisweilen an, ob man ihnen nicht jene Checkliste zukommen lassen könne, mit deren Hilfe das Unternehmen Fälschungen auf die Spur zu kommen versucht. Statt dem Wunsch blauäugig stattzugeben, verweigert die für solche Fälle zuständige Juristin Ingrid Bichelmeir-Böhn die Herausgabe der brisanten Unterlagen. Und wenn aus der Volksrepublik eine fünfseitige, auf Verwirrung oder Verschleierung angelegte E-Mail eintrifft, dann fordert die Rechtsanwältin auch schon mal eine klarere Version an. Von der Haltung des Kotaus, die so manche Firmen am Beginn ihrer China-Aktivitäten einnahmen, ist man in die Position der gleichen Augenhöhe gewechselt.

»Nicht unter der eigenen Würde handeln«, nennt meine Gesprächspartnerin in Franken ihr Prinzip. »Aber das effizienteste Gegenmittel«, fügt sie hinzu, »ist die intelligente Produktion, der Vorsprung im innovativen Bereich.« Sie hält es in diesem Punkt mit der Devise des bayerischen Unternehmers Philipp Rosenthal: »Wer aufhört, besser zu werden, hat aufgehört, gut zu sein.«

Der Verband Deutscher Maschinen- und Anlagenbauer, eine der wichtigsten Industrieorganisationen Europas, verzichtet bei seinem Rat an seine Mitglieder auf lebensphilosophisches Gedankengut. »Wenn der Chinese eine Maschine nachgebaut hat«, sagt der VDMA-Präsident Dieter Klingenberg mit der Gradlinigkeit des Praktikers, »sollten wir bereits eine neue auf dem Markt haben.«[24]

19.

»Geschäft ist Geschäft«

China als Investor

Die Offenbacher Landstraße gehört in Frankfurt am Main wohl nicht zu den attraktiven Adressen. Sie entbehrt der frechen Urbanität, die mich eben noch im Bankenviertel in ihren Bann zog, aber auch des historischen Atems, der die Altstadt durchweht. Breite Lücken zwischen den im architektonischen Mittelmaß verharrenden Häuserfassaden geben den Blick frei auf einen Streifen von Schrebergärten, aus deren Gestrüpp hier und da die Zipfelmütze eines Gartenzwerges leuchtet. Der Fluss, im Herzen der Finanzmetropole eine echte Lebensader, verschmilzt konturlos mit dem Wintergrau des Horizonts. So setzt sich von dieser Ausfallstraße ein wenig schmeichelhafter Eindruck fest: Sie zieht und zieht und zieht sich hin.

In dieser Ödnis wirkt das in eine weitläufige Parklandschaft eingebettete und von einem gusseisernen Tor begrenzte Grundstück Nummer 224 wie eine Oase. Die Philosophisch-Theologische Hochschule »Sankt Georgen«, die hier residiert, gehört zu den intellektuellen Hochburgen der Bundesrepublik. Ich bin in ihrem »Oswald von Nell-Breuning-Institut für Wirtschafts- und Gesellschaftsethik« verabredet, dem ein Verfechter der katholischen Soziallehre den Namen gab. Auf meinem über Kopfsteinpflaster führenden Weg zu dem futuristischen Rundbau resümiere ich in Kurzform die Erkenntnisse, die ich bis zu diesem Zeitpunkt gewonnen habe, und die das Fundament für das Finale meiner Recherchen bilden:

Indem es ohne Rücksicht auf Verluste und mit einem atemberaubenden Tempo von Plan auf Markt umschaltete, katapultierte sich China, begünstigt durch seine kulturelle Sozialisation, an die Schwelle zur Weltmacht, ohne deren Einbindung ordnungspolitische Entscheidungen nicht mehr denkbar sind. Seine durch einen Mangel an Transparenz und Liberalität bedingten Defizite versucht es durch den Diebstahl geistigen Eigentums zu kompensieren, den die Opfer allerdings nicht mehr klaglos hinnehmen.

Und mir kommt jener inhaltschwere Satz in den Sinn, den Bundeskanzlerin Angela Merkel im Sommer 2006 bei einem Besuch in Washington sprach: »Wir können die deutsch-amerikanischen Beziehungen nicht nur auf den Kampf gegen den Terrorismus gründen. Wir haben Wettbewerber wie China, die sich an keine Regel halten.«[1] Mit dieser Einschätzung rückt die Politikerin die Produktpiraterie ins Zentrum einer Werte-Konfrontation. Nach dem Scheitern des real existierenden Sozialismus und womöglich der gesamten linken Utopie findet sie nun innerhalb des Kapitalismus statt, der, weil er den menschlichen Antrieben offenbar mehr entgegenkommt, als einzige relevante Kraft übrig blieb.

Und so drängt sich, bevor man aus einem Vergleich der unterschiedlichen marktorientierten Modelle plausible Schlüsse ziehen kann, zunächst die Frage auf: Wie verhält sich China eigentlich, wenn es selbst als Investor auftritt? Mein Gesprächspartner in Frankfurt, der Betriebswirt, Industriekaufmann und katholische Theologe Markus Demele, verfolgt dies seit einigen Jahren am Beispiel Afrikas, des Kontinents, den der Westen derzeit arg vernachlässigt und den die boomende Volksrepublik als Rohstofflager und neuen Mosaikstein in ihrem machtpolitischen Puzzle entdeckte. Schon das Volumen der Unterlagen, die der Wissenschaftler für mich zusammengestellt hat, unterstreicht die Relevanz der Thematik. Und je länger ich mich in die Papiere vertiefe, desto mehr verstärkt sich der Eindruck eines Sündenregisters.

Beispiel Sambia. In diesem südafrikanischen Land, in dem etwa 80 000 der fast 300 000 auf dem Kontinent tätigen Chinesen leben, sind es vor allem die gewaltigen Kupfervorkommen, die auf die Führung in Peking eine magische Kraft ausüben. In den Minen, so berichten unterschiedliche Quellen übereinstimmend, herrscht Arbeitsteilung: chinesische Arbeiter sorgen für die Infrastruktur über Tage, ihre afrikanischen Kollegen verrichten die Dreckarbeit in den Stollen. »Viele Sambier«, berichtet das Magazin *SPIEGEL Special Geschichte*, »starben 2005 bei der Explosion des Sprengstofflagers in einer chinesisch geführten Kupfermine – die genaue Opferzahl vertuschen die vielfach als Neokolonialisten verhassten Chinesen.«[2]

Protestaktionen vor den Werkstoren sind, so die Dokumentation, »fast ein Ritual«. Sie richten sich nicht nur gegen die Arbeitsbedingungen, sondern auch gegen die geringe Bezahlung, die mit 30 Dollar im Monat weit unter der Vergütung durch kanadische oder australische Investoren liegt – und die mitunter ganz ausbleibt. »Tausende Arbeiter«, heißt es in der Afrika-Dokumentation über einen solchen Fall, »hatten sich um ihren Lohn geprellt gefühlt und waren vor der Mine aufmarschiert.«[3]

Einheimische Kritiker bemängeln zudem, dass die fernöstlichen Unternehmen dem Staat keinerlei Steuern zahlen und dass sie das Know-how, das sie dem Westen mit allerlei Tricks abluchsen, ihren afrikanischen Partnern vorenthalten. Und da die Chinesen mit eigenen Kontingenten anrückten, sei auch der Effekt auf den Arbeitsmarkt minimal. »Stattdessen« klagt der Politologe Alfredo Tjiurimo, »lösen wir Chinas Probleme, indem wir chinesischen Arbeitern Jobs in unserem eigenen Hinterhof verschaffen.«[4] Und dort bleiben die chinesischen Zuwanderer – wie überall auf der Welt – weitgehend unter sich.

Enttäuschung über eine verpasste Chance schwingt in der auf einer scharfen Beobachtungsgabe beruhenden Analyse des senegalesischen Autors Adam Gaye mit: »Die Chinesen entwickeln in Afrika so etwas wie eine neue Kultur der Apartheid ... Man vermeidet so weit wie möglich Kontakte zur einheimischen Bevölkerung. In einigen Städten ... gibt es Viertel, die sich langsam zu Chinatowns entwickeln. Die Chinesen nehmen nur Kontakt zu Afrikanern auf, wenn diese als Verkäufer für chinesische Produkte arbeiten, chinesische Waren kaufen oder einheimische Güter verkaufen. Chinesen heiraten zum Beispiel keine Afrikaner. Sie zeigen einfach kein besonderes Interesse an der Kultur und der Lebensweise der Afrikaner. Sie schotten sich ab und suchen keinen Austausch. Chinesische Geschäftsleute lassen sich auch nicht in die Karten schauen, als hätten sie etwas zu verbergen. Die Chinesen benehmen sich nicht so, als wollten sie sich in Afrika und für die Afrikaner engagieren. Im Gegenteil: Sie sind gekommen, um mitzunehmen, was sie kriegen können. So viel wie möglich.«[5]

Kritiker in Sambia zeigen sich auch beunruhigt über chinesische Pläne, in diesem Land zwei Wirtschaftssonderzonen zu errichten. »Dann haben sie«, zitiert *SPIEGEL Special* einen von ihnen, »ihren Staat im Staat und machen erst recht, was sie wollen.« Auch der Entwicklungs-Experte Markus Demele hält nichts von solchen künstlich geschaffenen »Oasen des Wohlstands«. Das Wachstum, so sein Credo, »muss breite Bevölkerungsschichten erfassen, vor allem aber die Bürger, die sozial am schlechtesten gestellt sind«. Weitere Kriterien für gesellschaftlich verträgliche Investitionen seien »Nachhaltigkeit« und »Mitarbeiterbindung«. Von Mine zu Mine zu ziehen und die Ressourcen lediglich zum eigenen Nutzen auszubeuten, gehöre zu den Varianten eines verwerflichen »Karawanen-Kapitalismus«.

Beispiel Gabun. In diesem Staat im westlichen Zentralafrika ziehen die Karawanen von Wald zu Wald. Fast die Hälfte des in diesem Land gefällten Holzes wird in die Volksrepublik verschifft. Die aus dem Reich der Mitte zurückfließenden billigen Fertigprodukte wie Haushaltsgeräte oder Kleidung bedrohen die einheimischen Produktionsstätten. In Swasiland und Lesotho sind die Textilindustrien unter dem Druck der chinesischen Billigware bereits zusammengebrochen.

Beispiel Kenia. Nachdem Großbritannien dem kenianischen Transportminister Christopher Ndarathi Murungaru wegen charakterlicher Mängel das Visum entzogen hat, wendet sich der Politiker kurzerhand an Peking. Dort verspricht man ihm eine Unterstützung in Höhe von 34 Millionen Dollar. Das veranlasst die in Nairobi erscheinende Zeitung *Standard* zu einer in Richtung Korruption zielenden Bemerkung: »Das Geld findet seinen Weg in die Taschen der Regierung ohne die sonst üblichen Bedingungen.« Hoffentlich, so das Blatt weiter, hätten die politischen Herrscher des Landes »der chinesischen Regierung keine wilden Zugeständnisse gemacht, die sie nun nicht öffentlich machen wollen«.[6] Im Afrika-Report bei *SPIEGEL Special* heißt es zur Entwicklungspolitik der Chinesen auf diesem Kontinent: »Anders als die Weltbank zum Beispiel verlangen sie weder eine ordentliche Abrechnung der Gelder noch die faire Behandlung von Arbeitern.«[7]

Beispiel Simbabwe. Als der Diktator Robert Mugabe fast überall auf der Welt wegen seiner katastrophalen Politik verurteilt wird, verleiht man ihm in China die Ehrendoktorwürde. Ein chinesisches Schiff, das an der südafrikanischen Küste festmacht, ist mit Waffen für den Nachbarn im Norden beladen. Gemeinsam mit Russland verhindert China im UN-Sicherheitsrat eine Verurteilung Mugabes.

Beispiel Sudan. Trotz internationaler Proteste liefert die Volksrepublik jahrelang Waffen an ein Regime, das sich des Völkermords in der Region Darfur schuldig macht. Im Gegenzug darf Peking sich der üppig sprudelnden sudanesischen Ölquellen bedienen. »Geschäft ist Geschäft«, begründet Chinas Botschafter in den USA, Zhou Wenzhou, unverblümt solche Praktiken. »Die Situation im Süden ist eine interne Angelegenheit«, fügt er hinzu.[8] Und der stellvertretende Direktor der Abteilung Westasien und Afrika im Pekinger Handelsministerium, Li Xiaobing, erklärt: »Wir importieren das Öl aus jeder Quelle, aus der wir es bekommen können.«[9]

Der Frankfurter Wissenschaftler Markus Demele nennt dieses Verhalten einen »neuen Kolonialismus, der Despoten die Gelegenheit verschafft, sich die Taschen zu füllen«. Sein Kollege Günther Hilpert von der Stiftung Wissenschaft und Politik in Berlin stuft Pekings Vorgehen als »durchaus imperialistisch« ein.[10]

Außer dem Frankfurter Institut haben sich in Deutschland zwei andere Organisationen systematisch mit Chinas Wirken in Afrika beschäftigt. Zu dem für Peking günstigsten Ergebnis kommt eine Untersuchung der Gesellschaft für Technische Zusammenarbeit (GTZ). China leiste, heißt es in einem Resümee, »wichtige Beiträge zum Ausbau der Infrastruktur, zur Erschließung bisher ungenutzter Ressourcen und zur stärkeren Integration afrikanischer Volkswirtschaften in globale Wertschöpfungsketten«. Dem steht allerdings eine Aufzählung schwerwiegender Versäumnisse gegenüber. »Kritisch zu beurteilen«, so die Studie[11], sei »vor allem die Nichteinhaltung ökologischer, sozialer und arbeitsrechtlicher Standards durch chinesische Firmen …« Zu einem rigoroseren Ergebnis kommt eine Untersuchung, die der Politologe Denis Tull für die »Stiftung Wissenschaft und Politik« erstellte. Der wachsende Einfluss Pekings wirke sich für diesen Kontinent »überwiegend negativ« aus.[12]

Sofort in die Lücke stoßen, die der Westen aufgrund seiner politischen Wertvorstellungen hinterlässt – nach diesem Prinzip verfährt Peking auch in seinem asiatischen Umfeld, das seit Jahrzehnten einen systematischen Sinisierungsprozess erlebt. China ist der wichtigste Waffenlieferant der burmesischen Junta, einem der schlimmsten Regimes der Gegenwart, und nachdem die Weltbank dem autokratisch regierten Kambodscha wegen massiver Korruption einen Entwicklungs-Zuschuss in Höhe von 70 Millionen Dollar verweigert hat, springt Peking, das selbst Entwicklungshilfe aus dem Westen bezieht, im Frühjahr 2006 mit einem Kredit ein, der fast das Neunfache dieser Summe ausmacht.

»Wie ein Weihnachtsmann, bepackt mit Geschenken«, schreibt eine Zeitung in der Hauptstadt Pnom Penh, sei der chinesische Regierungschef Wen Jiabao seinerzeit bei seinem Staatsbesuch durch das Land gereist.»Wo immer China in der Region aktiv ist«, klagt ein kambodschanischer Kritiker über die negativen Konsequenzen solcher Großzügigkeit, »beutet es die natürlichen Ressourcen aus.«[13] Die Kautschuk-Plantagen, die chinesische Investoren auf einem für diesen Zweck völlig ungeeigneten Boden anlegen lassen, fügen nicht nur der Umwelt schweren Schaden zu, sondern vertreiben auch ethnische Minderheiten aus ihrem natürlichen Lebensraum. Ihre bisweilen auch gewaltsam eroberten Latifundien lassen die neuen Herren durch rabiate Privatarmeen schützen. Die Dämme, die China am Oberlauf des Mekong errichtet, graben den kambodschanischen Fischern und Bauern buchstäblich das Wasser ab.

Ich unterrichte, als der chinesische Ministerpräsident in diesem von Bürgerkriegen geschundenen Land den Knecht Ruprecht gibt, gerade Studenten der Königlichen Universität von Pnom Penh in Fernsehjournalismus. Als ich sie gleich am ersten Tag bitte, mir eine Liste mit Vorschlägen für unsere praktische Arbeit vorzulegen, kristallisieren sich zwei Spit-

zenthemen heraus: die allgegenwärtige, die Nation ruinie-
rende Korruption und die Ausbeutung von Arbeiterinnen in
den von chinesischen Investoren betriebenen Textilfabriken
in der Umgebung der Hauptstadt. Die Mischung aus Wut,
Verzweiflung und Naivität, auf die ich bei meinen Lektionen
stoße, erinnert mich an die jungen Leute, die im Frühjahr
1989 in Peking den Aufstand gegen das kommunistisch-ka-
pitalistische System wagten und dafür einen bitteren Preis
bezahlten. Weil ich mir vorstellen kann, dass auch einige
meiner kambodschanischen Studenten zum politischen Wi-
derstand bereit wären, zeige ich ihnen als Warnung meinen
Film über die blutige Niederschlagung der Protestbewegung
in China. Die bleierne Stille, die nach dem Abspann in dem
abgedunkelten Raum herrscht, werde ich nie vergessen.

20.

»Lieber Geld verlieren als Vertrauen«

Markt und Moral

Ihr habt ja recht, liebe Freunde von der Wir-aber-doch-auch-Fraktion: Auch der Westen, Europa voran, hat Afrika und Asien über viele Dekaden ökonomisch ausgeplündert und gründet noch heute einen Teil seines Wohlstands auf der Armut der Dritten Welt. Doch seien in diesem Zusammenhang zwei Fragen erlaubt. Erstens: Rechtfertigt das Unrecht der Vergangenheit das Unrecht der Gegenwart? Und zweitens: Könnte es nicht sein, dass die ehemaligen Missetäter einigermaßen geläutert aus ihrer Kolonialgeschichte hervorgegangen sind und dieser Fortschritt wegen eines antiwestlichen Reflexes nicht genügend beachtet wird?

Fest steht, dass durch ein Land wie die Bundesrepublik ein Aufschrei ginge, bediente sich auch nur eine einzige deutsche Firma der chinesischen Methoden. Menschenrechtler und Umweltschützer würden zum Produkt-Boykott aufrufen, die Medien wochenlang die Vorstände brandmarken und Firmen wie den von Plagiaten bedrängten Motorsägen-Hersteller STIHL an die in ihrer Betriebsverfassung festgeschriebenen Selbstverpflichtungen erinnern. Kämen bei einem Minenunglück in Sambia durch deutsche Schuld einheimische Bergleute ums Leben – es träten, völlig zu Recht, Untersuchungsausschüsse zusammen, und die Ärzte ohne Grenzen wären, ganz selbstverständlich, mit einem Hilfsteam vor Ort.

Ja, auch der Siemens-Konzern hatte seinen Korruptions-skandal – aber er führte, immerhin, zur Abstrafung der Pro-tagonisten und mündete in einen rigiden Ethik-Katalog, der den Handlungsspielraum in Ländern, in denen Bestechung zum Alltag gehört, nun erheblich einschränkt. Einem solchen Diktum muss sich der Manager Johann Vranic bereits unter-werfen, als er zehn Jahre zuvor in der chinesischen Provinz für seinen schwäbischen Arbeitgeber um Aufträge kämpft. »Sie haben von der Mutterfirma«, schreibt er in seinem Erfahrungsbericht auch stellvertretend für seine Kollegen, »strikte Anweisungen, sich gesetzeskonform zu verhalten, und allein schon deshalb müssen sie bei der Bewältigung ih-rer Arbeit den langen, mühevollen, Energie raubenden Weg einschlagen.«[1]

In Firmen mit einem starken Auslandsengagement spielt das Bewusstsein um ethische Normen offenbar eine immer größere Rolle. So erklärt der Präsident des Bundesverbandes der Deutschen Industrie (BDI), Hans-Peter Keitel, Anfang 2009 in einem *SPIEGEL*-Interview: »Wenn Sie in Urlaub fahren, wissen Sie auch, wo Malaria vorkommt – und berei-ten sich darauf vor. Ähnlich verhält es sich mit Korruption. Ich bin als junger Mann auch rausgeschickt worden … und konnte froh sein, dass ich den richtigen Kompass hatte. Heute werden Nachwuchskräfte exzellent vorbereitet und können jederzeit zu Hause bei der Ethik-Hotline ihres Un-ternehmens anrufen. Kann sein, dass sie dann gleich die Order bekommen, mit dem nächsten Flieger zurückzukom-men.«[2]

Der frühere Vorstandschef des Hochtief-Konzerns ver-tritt immerhin 100 000 deutsche Unternehmen mit rund acht Millionen Beschäftigten. Natürlich wäre es blauäugig, davon auszugehen, dass ihre Repräsentanten nun ausnahmslos als Missionare der Moral um die Welt jetten. Aber verstoßen sie in eklatanter Weise gegen die von ihrem Verbandschef postulierten Maximen, dann gilt das als Delikt und nicht als Triumph der List.

Ja, die jüngste Finanzkrise hat den Kapitalismus mal wieder als System ungezügelter Gier entlarvt. Zumindest gilt das für seine virtuelle Variante. Ist diese ökonomische Katastrophe auch der Anfang vom Ende der sozialen Marktwirtschaft, des unternehmerische Freiheit und soziale Sicherheit kombinierenden Gegenentwurfs zum chinesischen Brachial-Kapitalismus? Die Hoffnung scheint berechtigt, dass das Gegenteil stimmt und eine Wiederbelebung des Models bevorsteht, von dem der ehemalige Bundeskanzler Helmut Schmidt meint, es sei »die größte kulturelle Leistung, die wir Westeuropäer im 20. Jahrhundert zustande gebracht haben«[3]. Jedenfalls gehört ethisches Verhalten in der Wirtschaft plötzlich zu den beliebtesten Themen bei Colloquien, Podiumsdiskussion und in Zeitungskommentaren, und es bekennen sich in der Bundesrepublik gerade während der Krise auffällig viele Institutionen dezidiert zu dieser Errungenschaft. Genauso häufig und deutlich betonen sie, dass die Regeln des aufgeklärten Kapitalismus nach wie vor für Investitionen im Ausland zu gelten hätten. »Deutsche Unternehmer«, bringt es der Frankfurter Wissenschaftler Markus Demele auf den Punkt, »dürfen sich auch jenseits der Grenzen nicht benehmen wie Wildsäue. Sie müssen sich, wo immer sie auf der Welt agieren, an einen Wertekanon halten.«

In einem von einer Sachverständigengruppe der Deutschen Bischofskonferenz erarbeiteten Thesenpapier mit dem Titel »Entwicklungschancen und Menschenwürde« heißt es zum Beispiel: »In Zukunft sollten die Regierungen ... die Instrumente ihrer Außenwirtschaftsförderung so weiterentwickeln, dass nur solche Unternehmen in den Genuss der Förderung kommen, die sich an soziale und ökologische Mindeststandards halten.« Und: »Um solche Prozesse gestalten zu können, sollten die Gewerkschaften in deutschen

Unternehmen verstärkt die Errichtung globaler Konzern-betriebsräte vorantreiben.« Denn: »In einigen internationalen Vergleichsstudien hat sich die Rechtsstaatlichkeit, zu der eben auch die wirksame Garantie der Vereinigungsfreiheit der Arbeitnehmer zählt, als ein Standortvorteil erwiesen, der für viele ausländische Investoren bedeutsamer ist als die Kostenersparnis durch niedrige Sozial- und Umweltstandards.«[4] In diese Richtung zielt auch ein Statement von Bundeskanzlerin Angela Merkel: »Ich glaube, dass freie Gesellschaften kreativer sind und die langfristig tragfähigeren Lösungen entwickeln.«[5]

Als habe er Anleihen bei den katholischen Bischöfen genommen, erklärt der BDI-Präsident Hans-Peter Keitel mitten in der Finanzkrise: »Vieles, was den Verfall von Werten und Vertrauen angeht, sehe ich wie die großen Kirchen. Ja, es gibt einen rapiden Glaubwürdigkeitsverfall. Meine eigene Branche, der Bau, gehörte lange sicher nicht zu den transparentesten, aber auch die hat mittlerweile einen erstaunlichen Wandel hinter sich. Moral ist nichts Abstraktes für die Sonntagspredigt, sondern etwas unglaublich Pragmatisches.«[6]

Im Wirtschaftsteil der *Süddeutschen Zeitung* erinnert die Autorin Dagmar Deckstein zum gleichen Zeitpunkt an einen Leitsatz des Unternehmers Robert Bosch: »Lieber Geld verlieren als Vertrauen.« Solche Maximen, so glaubt die Journalistin, »sind nicht die einer untergehenden Wirtschaftswelt, sondern Vorboten einer Renaissance.«[7] Als Belege führt sie auf, dass das Managementinstitut der Berliner Humboldt-Universität gerade Forschungen zum Leitbild des »ehrbaren Kaufmanns« anstellt und die Karriereschmiede Harvard Business School einheitliche Standesregeln für Manager nach dem Mediziner-Vorbild fordert. »Vielleicht«, so das Schlusswort des Beitrags, »ist es ja doch nicht ganz so schlecht bestellt um die menschliche Lernfähigkeit.«[8]

Der Manager Hans-Otto Schrader, Chef des wegen seines

ökologischen Engagements bekannten Otto-Versandes, erklärt in einem Interview mit dem *Hamburger Abendblatt*: »Ich hoffe aber vor allem auf eine Renaissance der sozialen Marktwirtschaft. Wohlstand für alle muss wieder die Maxime der Politiker und Unternehmer sein. Der Kasino-Kapitalismus muss verschwinden.«[9] Bei dem Juristen Martin Welker vom Waiblinger Motorsägen-Hersteller STIHL kommt das Bekenntnis zu seriösem, nachhaltigen Wirtschaften mit nonchalantem Pragmatismus daher: »Als Vater bin ich doch daran interessiert, dass es meinen Kindern später mal genauso gut geht wie mir heute.«[10]

In einem Interview mit der Wochenzeitung *DIE ZEIT* zeigt sich der CDU-Fraktionsvorsitzende Volker Kauder zuversichtlich, dass das deutsche Wirtschaftsmodell angesichts der weltweiten Krise sogar zu einem neuen deutschen Exportschlager reüssieren könnte: »Deswegen müssen wir in den internationalen Verhandlungen Kernregeln der sozialen Marktwirtschaft durchsetzen. Eine heißt, dass nicht ausschließlich kurzfristige Rendite entscheidend ist, sondern dass auch eine austarierte Position zwischen den Interessen von Arbeitnehmern und dem notwendigen Gewinnstreben von Unternehmen vorhanden sein muss.«

»Können Sie sich vorstellen«, fragen ihn die Interviewer, »dass die soziale Marktwirtschaft auch in China eine Perspektive hat?«

»Ja. Ich bin überzeugt, die soziale Marktwirtschaft ist das beste Modell auch für Gesellschaftsformen, die sie bisher nicht praktizieren. Sie beruht auf individueller Eigenverantwortung, die gelernt und gelebt werden muss. Dies geht nicht über Nacht. Soziale Marktwirtschaft beruht auf der Anerkennung individueller Rechte und Werte. Es liegt in unserem Interesse, Peking klarzumachen, dass dazu auch gehört, geistiges Eigentum zu respektieren.«

Sich zu profilieren und auf die eigenen Werte zu besinnen,

so die Quintessenz aller Aussagen, lohnt sich also in jeder Hinsicht mehr, als sich den Mechanismen einer fremden Kultur zu unterwerfen. Eine solche Profilierung kann aber auch, trotz aller Notwendigkeit zur politischen und ökonomischen Zusammenarbeit, zur Konfrontation führen. Und es ist die Volksrepublik China, die sie immer häufiger provoziert – nicht nur durch den dreisten Diebstahl geistigen Eigentums und andere rabiate Attitüden, sondern auch durch die Diskreditierung exakt jener Werte, derer man sich im Westen gerade wieder besinnt. »Die chinesische Regierung«, weiß der niederländische Autor Ian Buruma, »verunglimpft die Sorge um Bürger- und Menschenrechte als überholte und arrogante Äußerung des westlichen Imperialismus.«[11]

Die *Financial Times Deutschland* zitiert den Chef einer Hongkonger Immobiliengruppe mit den Worten: »Ich habe 40 Unternehmen in Deutschland gekauft. Aber die Gewerkschaften machen uns so viele Probleme, dass ich es mir gut überlegen werde, ob ich noch einmal hier investiere.« Auch der frühere Bürgermeister von Shanghai und heutige Leiter der »China Federation of Industrial Economics«, Xu Kuangdi, »nennt die Gewerkschaften«, so das Blatt, »eine der größten Hürden für chinesische Unternehmen in Europa«.[12]

Selbst der weltberühmte Regisseur Zhang Yimou, der die Eröffnungsfeier der Olympischen Sommerspiele in Peking choreographierte, mokiert sich nach dieser gigantomanischen Show in einem Interview über die Ausländer, die so etwas »nicht erreichen könnten«, allein schon wegen der »Menschenrechte«. Bei der Inszenierung von Opern außerhalb seiner Heimat habe er schmerzlich erfahren müssen, dass die Künstler dort »allen Arten von Institutionen und Gewerkschaften« angehörten.[13] Die Chinesen erreichten aufgrund ihrer Kultur innerhalb einer Woche, wofür die Europäer einen Monat benötigten.

Nun kann es in der Tat nerven, wenn ein Musiker inmitten

eines kreativen Aktes auf die Einhaltung seiner tarifvertraglich festgeschriebenen Teepause pocht. Doch dem Regisseur, der trotz seines Kotaus vor der Führung noch immer Schwierigkeiten mit deren Kulturfunktionären hat und der seinen Ruhm vor allem der Förderung durch den Westen verdankt, geht es ums Grundsätzliche. Fassungslos macht seine Bewunderung Nordkoreas, das beim Arrangieren von Massenszenen »noch besser« sei als China.

Mit der Verhöhnung der Menschenrechte brüskiert der Regisseur auch den wachsenden Kreis von Intellektuellen, die ihre Führung bedrängen, nicht nur die Einfuhr von Technologie und Know-how zu forcieren, sondern auch einen Transfer demokratischer Ideale zuzulassen. Zu den jüngsten Aktivitäten in diese Richtung gehört eine Ende 2008 von 303 Bürgern unterzeichnete Charta, die exakt die im Westen gültigen Menschenrechte einfordert: »Meinungsfreiheit, Freiheit der Presse, Versammlungsfreiheit, die Freiheit, Vereine zu gründen, die Freiheit des Wohnortes, die Freiheit zu streiken, zu demonstrieren und zu protestieren.« Und: »Wir wollen eine moderne Regierung errichten, in der die Teilung von Legislative, Judikative und Exekutive garantiert wird«.[14]

Nach Ansicht des Peking-Korrespondenten der *Süddeutschen Zeitung*, Henrik Bork, »widerlegt ... die Veröffentlichung der Charta den fälschlichen Eindruck, ... dass die Frage der Menschenrechte in China nur ein westliches Anliegen sei. Es sah aus wie ein Kampf der Kulturen, in dem westliche Gutmenschen einer alten Kulturnation ›ihre Werte‹ aufzwingen wollen. In Wirklichkeit, und die mutigen Chinesen der ›Charta 08‹ schreiben dies explizit, sind Menschenrechte universell«.[15]

Die Tatsache, dass auch einige Mitglieder der KP das Papier unterzeichneten, nährt bei einheimischen und internationalen Beobachtern die Hoffnung auf den Beginn eines Demokratisierungsprozesses innerhalb der Partei, die von allen vorstellbaren Veränderungen unblutigste Variante. Die sowohl in China als auch in den USA sozialisierte Fernsehjournalistin Du Jia hat von Dissidenten erfahren, dass diesen Kreis bisweilen mitten aus dem Parteiapparat Warnungen vor Razzien erreichen. »Aber das kann«, schränkt die Reporterin sofort ein, »auch ein taktisches Manöver sein, mit dem man die Stärke und die Entschlossenheit der Opposition ausloten will. Politik wird in Peking eben hinter hohen Mauern gemacht. Und niemand von denen, die diesseits dieses Walles leben, weiß wirklich, was dahinter passiert«.

Der Duisburger Wissenschaftler Thomas Heberer, einer der führenden, stets um Differenzierung bemühten deutschen China-Experten, wittert zarten Fortschritt in dem Zugeständnis der KP, auf lokaler Ebene auch Nichtmitglieder für politische Funktionen kandidieren zu lassen. Für ihn ist das eines der Zeichen dafür, dass »der Maximalstaat sich gegenüber der Gesellschaft zurückgezogen hat«.[16] Oder handelt es sich, so ist auch in diesem Zusammenhang zu fragen, lediglich um ein taktisches Manöver, das die zunehmend unruhiger werdende Basis pazifizieren soll? Und: Ist die kommunistische Nomenklatura nicht viel zu sehr in mafiose Machenschaften verstrickt, als dass sie sich auf substantielle Veränderungen einlassen könnte? Müsste sie somit nicht, was das Land zunächst in eine neue Tragödie stürzen könnte, zu solchen Zugeständnissen gezwungen werden? »Veränderungen«, glaubt der Sinologe Jörg-M. Rudolph, »gehen nicht ohne Reibungen ab. Insofern führt die KP eine Existenz am Abgrund.«

Es gibt eine ganze Reihe von Fakten, die für eine starke Verunsicherung der hinter den hohen Mauern regierenden und residierenden Funktionäre sprechen. Die Zahl der Polizisten erhöht sich in China in gut zweieinhalb Dekaden von 6,5 auf 11,2 je 10 000 Einwohner. Mehr als 80 000 Sicherheitskräfte werden auf die Stadtbezirks- und Dorfebene verlagert, wo trotz der graduellen Liberalisierung die größte Unzufriedenheit herrscht. Ein an der Peripherie Pekings errichtetes Petitionsdorf, in dem die Benachteiligten der Gesellschaft in kafkaesker Isolation darauf warten, zu den für sie zuständigen Ämtern vorgelassen zu werden, lässt die Führung kurzerhand räumen. 263 000 Kameras überwachen im Jahre 2007 die Bürger der Hauptstadt. In den Betrieben der südlichen Muster-Metropole Shenzhen sind zum gleichen Zeitpunkt 180 000 Videogeräte installiert.

Auch die ständigen Eingriffe in das Internet, dessen die Regimekritiker sich zunehmend bedienen, zeugen von einem tiefverwurzelten Misstrauen gegenüber den diesseits der Regierungsfestung lebenden Bürgern. Eine im Spätsommer 2008 von einem der vielen Portale gestartete Aktion trifft den Parteiapparat offenbar am Nerv. »Falls Sie wiedergeboren werden könnten«, so fragen die Initiatoren ihre Adressaten, »würden Sie dann gern wieder Chinese sein wollen?« Fast zwei Drittel der mehr als 10 000 Benutzer antworten mit »Nein«. Die am häufigsten genannte Begründung: »Weil ich als Chinese keine Menschenwürde besäße.«[17]

Die Botschaft dieses für die KP erschütternden Resultats: Selbst der in China tiefverwurzelte und immer wieder in Nationalismus und Chauvinismus abdriftende Patriotismus schließt eine Sensibilität für die sozialen und politischen Defizite des Landes keineswegs aus. Bei einer Veranstaltung der Hamburger Media School bringt der in Köln lebende chinesische Journalist Shi Ming diese Position auf den Punkt: »Ja, ich bin ein Patriot. Aber ich bin kein Idiot. Meine Liebe macht nicht blind.«[18] Die in seiner Heimat gestartete Internet-Umfrage steht eine Woche im öffentlichen Raum – dann schlägt Big Brother zu und liquidiert sie.

»Ich will nicht asiatisch werden!« – Diesen Hilferuf richtet der deutsche Publizist Karl Heinz Bohrer bei einer Podiumsdiskussion an die europäischen Mächte.[19] Nur ein Kraftakt aus diesem politischen Zentrum, so seine Überzeugung, kann verhindern, dass sich die auch im Westen weitverbreitete Prophezeiung erfüllt, das 21. Jahrhundert werde die Epoche Chinas. Kann man dem Herausgeber der Zeitschrift *Merkur* angesichts eines solchen Bekenntnisses kulturelle Arroganz vorwerfen, wenn, wie die Internet-Befragung dokumentiert, sogar ein relevanter Teil der chinesischen Bevölkerung ein neues Leben lieber in einer freiheitlicheren Gesellschaft verbrächte?

Noch vertritt dieser Intellektuelle wohl eine Minderheitenmeinung. Doch die Zweifel mehren sich, dass ein Staat, der sich unverfroren des geistigen Eigentums seiner ökonomischen Konkurrenz bemächtigt und gleichzeitig seinem Volk wesentliche Rechte vorenthält, tatsächlich eine solche Führungsrolle übernehmen kann. »Die Geschichte des heutigen China«, filtert die *Süddeutsche Zeitung* aus einer Analyse des Journalisten Jan Ross heraus, »ist eine Geschichte von Leistung und Erfolg, nicht mehr die eines alternativen Sozialmodells. Pekings Reiz einer ›Soft Power‹ für die Entwicklungsländer ist zwar real, aber reaktiv und parasitär. Er lebt vom Protest gegen Amerika und den Westen. Doch es bietet kein neues Bild einer lebenswerten Gesellschaft oder internationalen Ordnung. Peking befindet sich ideenpolitisch in der Defensive ... Denn irgendwo zwischen Rom und Washington liegt noch immer ein Gravitationszentrum der Humanität.«[20]

Der Direktor des »Centrums für angewandte Politikforschung« an der Ludwig-Maximilians-Universität in München, Werner Weidenfeld, ortet die Alternative zu China nicht im Irgendwo, sondern konkret auf dem Kontinent, in dessen Herzen die von der Produktpiraterie besonders schwer geschädigte Bundesrepublik liegt: »... Europa hat das Potential zur Weltmacht, es steht an der Spitze im Welthandel, bei der Produktion, in Forschung und Bildung. Dieses

Potential muss angemessen organisiert und mit dem Geist europäischer Identität erfüllt werden. Eine solche historische Großleistung kann das gleiche Europa erbringen, das heute verunsichert vor sich her dümpelt. Nicht die großen Apparate werden diese Krise überwinden, sondern die große Idee, der richtige geistige Entwurf.«[21]

Die auch in der Bundesrepublik zahlreichen Anhänger der »Asian Values«, des fernöstlichen Wertekanons, werden eine solche Vision als Anmaßung diffamieren. Doch immerhin basiert dieses mutige Gedankenspiel auf einem kulturellen Fundament, nach dem man in der einige tausend Jahre alten Geschichte Chinas vergebens fahndet: der Aufklärung. »Die Zivilgesellschaft ist unser entscheidender Vorteil«, sagt der Ludwigshafener Sinologe Jörg-M. Rudolph. »Neue Ideen«, sekundiert der Pekinger Konzeptkünstler Ai Weiwei, »werden also auch im 21. Jahrhundert aus dem Westen kommen. Er allein verfügt über die freien Denkfabriken, die gesellschaftliche Alternativen produzieren.«[22]

Es gibt diese ganz bestimme Empörung im Blick. Bei dem Autofahrer sieht man sie, dem man an einer Kreuzung gerade brutal die Vorfahrt genommen hat, bei dem Mittelstürmer, dem der Schiedsrichter trotz eines groben Fouls den Elfmeter verweigerte, oder bei dem Angeklagten, den der Richter mit einer viel zu harten Strafe belegte.

Neulich, bei einer Begegnung im Hausflur, entdecke ich sie auch bei meinem Nachbarn, der es als ehemaliger Bundeswehr-Pilot eigentlich gelernt hat, selbst in den brenzligsten Situationen die Ruhe zu bewahren. »Unglaublich«, erregt er sich, »was mir neulich mit meiner Stubenlampe passiert ist: Aus heiterem Himmel macht es ›peng‹ – und die Birne löst sich in ihre Einzelteile auf. Hätte da ein Kind in der Nähe gesessen – wer weiß, was passiert wäre … Eine ähnliche Erfahrung habe ich bereits mit einer Neonröhre gemacht, die man von der Seite in die Fassung stecken musste. Die schoss plötzlich wie eine Rakete durch den Raum.«

»Und: Haben Sie mal nach dem Hersteller geforscht?«

»In beiden Fällen stand da: Made in China. Ich werde jetzt nur noch Birnen kaufen, wo ›Osram‹ draufsteht.«

Mag sein, dass ich nach einjähriger Fixierung auf das Thema Produktpiraterie eine Art China-Paranoia entwickelt habe. Aber ich denke sofort: Hoffentlich handelt es sich nicht um Fälschungen.

Anmerkungen

Vorwort

1 *Hamburger Abendblatt* vom 26./27. August 2006

Kapitel 3 »Wir müssen aufhören, mit Wattebällchen zu werfen«

1 *DER SPIEGEL* vom 27. August 2007
2 *Süddeutsche Zeitung* vom 30. Juli 2008

Kapitel 4 »Sie müssen im Frack kommen und in Unterhosen gehen«

1 Wolfram Eberhard, *Geschichte Chinas*, Alfred Kröner Verlag, Stuttgart 1971, S. 45
2 *Frankfurter Rundschau* vom 1. August 2008
3 Oskar Weggel, *China – Zwischen Revolution und Etikette*, Verlag C.H.Beck, München 1981, S. 50
4 Wolfram Eberhard, *Geschichte Chinas*, S. 45
5 ZDF-Magazin *Frontal 21* vom 10. Juli 2008
6 *Süddeutsche Zeitung Magazin* vom 4. April 2008
7 Professor Dr. Thomas Heberer, Universität Duisburg-Essen, übermittelt am 30. März 2009
8 *DER SPIEGEL* vom 30. Juni 2008
9 *SPIEGEL Online* vom 13. Oktober 2007
10 *Süddeutsche Zeitung* vom 23. Oktober 2008
11 *Süddeutsche Zeitung* vom 5. Dezember 2008
12 Frank Sieren, *Der China Code*, Ullstein Verlag, Berlin 2006, S. 82
13 ZDF-Magazin *Frontal 21* vom 10. Juli 2008
14 *Merkur*, Heft 7, Juli 2007, Klett-Cotta Verlag
15 Ebd.
16 Ebd.
17 Ebd.

Kapitel 5 »Der größte Tafelsilber-Transfer aller Zeiten«

1 *DER SPIEGEL* vom 27. August 2007
2 *Berliner Zeitung* vom 15. September 2006
3 Wolfgang Hirn, *Herausforderung China*, S. Fischer Verlag, Frankfurt 2005, S. 96
4 Frank Sieren, *Der China Code*, Ullstein Verlag 2006, Berlin S. 205
5 Ebd. Seite 41
6 *DER SPIEGEL* vom 27. August 2007
7 *SPIEGEL Online* vom 16. Februar 2005
8 *Mitteilungen Convivio Mundi e. V.* vom 17. April 2007

Kapitel 6 »Wir wollen die ganze Welt erobern«

1 Johann Vranic, *Staubige Seide*, Schardt Verlag, Oldenburg 2002, S. 25
2 *DER SPIEGEL* vom 11. September 2006
3 *STERN*, Heft 33/2004
4 China-Themenschwerpunkt gesehen und Zitat notiert, 2004
5 *Das neue China*, Heft 3, 2007
6 Ebd.
7 Ebd.

Kapitel 7 »Die sind grässlich, das sind Schläger!«

1 *Hamburger Abendblatt* vom 11. April 2008
2 Ebd.
3 *DER SPIEGEL* vom 26. Mai 2008
4 *DER SPIEGEL* vom 7. April 2008
5 *Frankfurter Allgemeine Sonntagszeitung* vom 15. Juni 2008
6 *DIE ZEIT* vom 21. August 2008
7 *Hamburger Abendblatt* vom 13. August 2008
8 zitiert in der *Süddeutschen Zeitung* vom 11. August 2008
9 *Hamburger Abendblatt* vom 14. August 2008
10 *Süddeutsche Zeitung* vom 19. August 2008

Kapitel 8 »Du musst heiß sein wie eine Kampfgrille«

1 Harro von Senger, Strategeme, Scherz Verlag, Frankfurt 1996, S. 31
2 Ebd.

3 Referat bei der »China-Time«-Veranstaltung der Industrie- und Handelskammer Hamburg vom 10. bis 12. September 2008

4 Harro von Senger, Strategeme, S. 31

5 Ebd.

6 *Financial Times Deutschland* vom 15. September 2006

7 Referat bei der »China-Time«-Veranstaltung

8 Johann Vranic, *Staubige Seide*, S. 25

9 Harro von Senger, *Strategeme*, S. 31

10 Johann Vranic, *Staubige Seide*, S. 25

11 *Hamburger Abendblatt* vom 8. April 2008

12 Harro von Senger, *Supraplanung*, Hanser Verlag, München 2008, S. 185

13 *Frankfurter Allgemeine Sonntagszeitung* vom 15. Juni 2008

14 *SPIEGEL Online* vom 14. Februar 2005

Kapitel 9 »Ich glaube, da war Sadismus im Spiel«

1 *amnesty journal* Ausgabe vom September 2005

2 ZDF-Magazin *Frontal 21* vom 10. Juli 2008

3 Andreas Lorenz/Jutta Lietsch, *Das andere China*, wjs verlag, Berlin 2007, S. 225

4 *Das neue China*, Heft 4, 2004

5 Text des Referats per Mail übermittelt durch Prof. Jörg-M. Rudolph

6 *DIE ZEIT* vom 26. März 2009

7 Hamburger Abendblatt vom 15. September 2004

8 3SAT, Kulturzeit vom 4. Juli 2007

9 ORF, Morgenjournal vom 13. Dezember 2008

10 Mitteilung des Handelsministeriums der Volksrepublik China vom 10. September 2009

Kapitel 10 »Endlich mal eine Dusche, die funktioniert«

1 Vortrag an der Beida-Universität in Peking im April 2008, Kopie übermittelt von Professor Jörg-M. Rudolph, Fachhochschule Ludwigshafen

2 Jacques Gernet, *Die chinesische Welt*, Suhrkamp Verlag, Frankfurt 1988, S. 83

3 Wolfgang Hirn, *Herausforderung China*, S. 51

4 Ludwig Thamm, *Glück, Geld und langes Leben*, Buchverlag der Mittelbayerischen Zeitung, Regensburg 1995, S. 58

5 *Das neue China*, Heft 3, 2007
6 *Frankfurter Allgemeine Sonntagszeitung* vom 15. Juni 2008

Kapitel 11 »Oh sorry, English we not speak«

1 Frank Sieren, *Der China Code*, Ullstein Verlag, Berlin, S. 25
2 Frank Sieren, *Der China Code*, S. 25
3 *SPIEGEL Online* vom 22. und 23. April 2008
4 *Das neue China*, Heft 4, 2006
5 Ebd.
6 *FOCUS Online* vom 7. Mai 2009
7 *Das neue China*, Heft 4, 2006

Kapitel 12 »Dann kann die Obrigkeit ziemlich eklig werden«

1 *Merkur*, Heft 7, Juli 2007, Klett-Cotta Verlag, S. 637
2 *Süddeutsche Zeitung* vom 4./5. Oktober 2008
3 Andreas Lorenz/Jutta Lietsch, *Das andere China*, wjs verlag, Berlin 2007, S. 109
4 *Merkur*, Heft 7, Juli 2007, Klett-Cotta Verlag, S. 639
5 zitiert im *Hamburger Abendblatt* vom 4. Juli 2007
6 *DER SPIEGEL* vom 11. September 2006
7 Nikolas P. Sokianos (Hrg.), *Produkt- und Konzeptpiraterie*, Gabler Verlag, Wiesbaden 2006, S. 288
8 Ebd.
9 Ebd.
10 *SPIEGEL Online* vom 16. Februar 2005
11 *DER SPIEGEL* vom 27. August 2007
12 *Merkur*, Heft 7, Juli 2007, Klett-Cotta Verlag, S. 639
13 Andreas Lorenz/Jutta Lietsch, *Das andere China*, S. 90

Kapitel 13 »Lache nicht laut, wenn du dich freust«

1 zitiert bei Oskar Weggel, *China Zwischen Revolution und Etikette*, Verlag C. H. Beck, München 1981, S. 71 ff.
2 eigene Recherche im Januar 1985 in Qiqihar
3 Helga und Jürgen Bertram, *Im Reich der roten Kaiser*, Goldmann Verlag, München 1995, S. 105

Kapitel 14 »Übelster Sozialismus trifft auf übelsten Kapitalismus«

1 *Süddeutsche Zeitung* vom 3. August 2004
2 *Süddeutsche Zeitung* vom 12. Dezember 2008
3 *Süddeutsche Zeitung Magazin* vom 4. April 2008
4 *Süddeutsche Zeitung* vom 8. April 2009
5 Jacques Gernet, *Die chinesische Welt*, Suhrkamp Verlag, Frankfurt, S. 416
6 *Süddeutsche Zeitung* vom 2. März 2007
7 Ebd.
8 Ebd.
9 *Informationsdienst »Deutsch-chinesisches Recht«* vom 4. März 2009
10 *amnesty journal*, Ausgabe vom September 2005
11 *STERN*, Heft 33, 2004

Kapitel 15 »Schau mal, so ein Affe bin ich«

1 *Süddeutsche Zeitung* vom 29. Oktober 2008
2 *Süddeutsche Zeitung* vom 4./5. Oktober 2008
3 *Süddeutsche Zeitung Magazin* vom 4. April 2008
4 amnesty journal, Ausgabe vom Dezember 2007
5 Süddeutsche Zeitung vom 4. August 2008
6 Süddeutsche Zeitung vom 18. August 2008, eingekürzt und übersetzt von Kai Strittmatter

Kapitel 16 »Er kaufte ein T-Shirt und landete beim Hausarzt«

1 Zitate aus dem Gästebuch des Museums

Kapitel 17 »Dompteure, die einen wilden Tiger reiten müssen«

1 Deutsche Welle vom 25. Februar 2009
2 Wolfgang Hirn, Herausforderung China, S. 37 ff.
3 Ebd.
4 Erfahrungsbericht, von der Autorin zur Verfügung gestellt

Kapitel 18 »Taktik: ja – Verrat: nein«

1 *STERN*, Heft 33, 2004
2 *Süddeutsche Zeitung* vom 2. Januar 2003
3 *Süddeutsche Zeitung* vom 12. August 2008
4 Ebd.
5 Ebd.
6 Merkur, Heft 7, Juli 2007, Klett-Cotta Verlag
7 Ebd.
8 Ebd.
9 *Hamburger Abendblatt* vom 3. Juli 2008
10 *Hamburger Abendblatt* vom 23. April 2008
11 Sonderdruck *Designreport*, April 2007
12 Ebd.
13 Aktion Plagiarius e. V., Pressemitteilung am 8. Februar 2008
14 *Hamburger Abendblatt* vom 11. Februar 2008
15 *DER SPIEGEL* vom 14. Juli 2008
16 *Süddeutsche Zeitung* vom 4. April 2008
17 Ebd.
18 *SPIEGEL Online* vom 16. Februar 2005
19 Ebd.
20 Ebd.
21 Pressworkshop »Gefälschte Arzneimittel in Deutschland«, Veröffentlichung am 28. April 2008
22 Ebd.
23 *Das neue China*, Heft 4, 2006
24 Ebd.

Kapitel 19 »Geschäft ist Geschäft«

1 *Hamburger Abendblatt* vom 26./27. August 2006
2 *SPIEGEL Special Geschichte*, Sonderheft Nr. 2, Seiten 136–137
3 Ebd.
4 Ebd.
5 *Süddeutsche Zeitung* vom 31. Januar 2007
6 *DER SPIEGEL* vom 17. Oktober 2005
7 *SPIEGEL Special Geschichte*, Sonderheft Nr. 2, Seiten 136–137
8 *DER SPIEGEL* vom 17. Oktober 2005
9 Ebd.
10 Deutsche Welle vom 21. September 2006
11 *GTZ aktuell* vom 6. Januar 2009

12 *DER SPIEGEL* vom 17. Oktober 2005

13 *Phnom Penh Post* vom 20. April 2006

Kapitel 20 »Lieber Geld verlieren als Vertrauen«

1 Johann Vranic, *Staubige Seide*, S. 72

2 *DER SPIEGEL* vom 12. Januar 2009

3 *ZEIT-Magazin* vom 25. September 2008

4 Verlagerung von Arbeitsplätzen, Entwicklungschancen und Menschenwürde; herausgegeben von der wissenschaftlichen Arbeitsgruppe für welt-kirchliche Aufgaben der Deutschen Bischofskonferenz 2008, S. 59

5 Harro von Senger, *Supraplanung*, Hanser Verlag, München 2008, S. 210

6 *DER SPIEGEL* vom 12. Januar 2009

7 *Süddeutsche Zeitung* vom 7. Januar 2009

8 Ebd.

9 *Hamburger Abendblatt* vom 1./2. November 2008

10 *DIE ZEIT* vom 30. Oktober 2008

11 *Süddeutsche Zeitung Magazin* vom 4. April 2008

12 *Financial Times Deutschland* vom 15. September 2006

13 *SPIEGEL Online* vom 21. August 2008

14 *SPIEGEL Online* vom 11. Dezember 2008

15 *Süddeutsche Zeitung* vom 11. Dezember 2008

16 *taz* vom 16. April 2008

17 *Epoch Times Online* am 13. November 2006, zitiert im China-Newsletter Xiucai des Ludwigshafener Sinologen Jörg-M. Rudolph

18 *Hamburger Abendblatt* vom 2./3. Oktober 2008

19 *Süddeutsche Zeitung* vom 10. November 2008

20 *Süddeutsche Zeitung* vom 19. August 2008

21 *Süddeutsche Zeitung* vom 8./9. November 2008

22 *DIE ZEIT* vom 26. März 2009